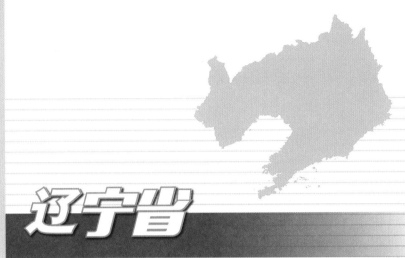

辽宁省
生态保护红线划定研究

STUDY ON DELIMITATION OF ECOLOGICAL PROTECTION RED LINE IN
LIAONING PROVINCE

王延松　吕久俊　么旭阳　张慧 等 ▣ 编著

U0322205

中国林业出版社
China Forestry Publishing House

图书在版编目（CIP）数据

辽宁省生态保护红线划定研究／王延松等编著 . —北京：中国林业出版社，2019.8
ISBN 978-7-5219-0210-5

Ⅰ．①辽…　Ⅱ．①王…　Ⅲ．①生态环境保护 – 环境管理 – 研究 – 辽宁
Ⅳ．①X321.231

中国版本图书馆 CIP 数据核字（2019）第 169400 号

审图号：辽 S（2019）019 号

中国林业出版社·林业分社
责任编辑：于晓文

出版发行	中国林业出版社	
	（100009　北京西城区德内大街刘海胡同 7 号）	
网　　址	http：//www. forestry. gov. cn/lycb. html	
电　　话	（010）83143549	
印　　刷	固安县京平诚乾印刷有限公司	
版　　次	2019 年 8 月第 1 版	
印　　次	2019 年 8 月第 1 次	
开　　本	787mm×1092mm　1/16	
印　　张	6	
字　　数	150 千字	
定　　价	70.00 元	

前　言

　　划定并严守生态保护红线，是党中央、国务院作出的战略决策，是加强国土空间用途管制、守住国家生态安全底线、落实全面深化生态文明体制改革的重要手段，对保护辽宁省生态环境、维护生态安全具有重要作用。

　　2017年2月，中共中央办公厅、国务院办公厅印发《关于划定并严守生态保护红线的若干意见》（以下简称《若干意见》），全面启动生态保护红线划定与制度建设工作。2017年4月，中共辽宁省委办公厅、辽宁省人民政府办公厅印发了《关于划定并严守生态保护红线的若干意见的实施方案》，明确了全省划定并严守生态保护红线的指导思想、基本原则、主要内容和工作措施。

　　2017年5月27日，国家环境保护部、发展和改革委员会联合印发了《生态保护红线划定指南》。本书依据《若干意见》和《生态保护红线划定指南》，对辽宁省生态环境状况进行了充分调研，对全省水源涵养、水土保持、生物多样性维护、防风固沙等重要生态功能以及水土流失、土地沙化等生态敏感性进行了评估，结合各类保护地边界和海洋生态保护红线，完成辽宁省生态保护红线划定。辽宁省生态保护红线呈现出"两屏两廊多点"的分布格局，研究成果为构建辽宁省生态安全格局、推进生态文明建设奠定了坚实基础。

　　本书是经过三年时间完成的，是集体智慧的结晶。全书共分9章，参与研究和本书编写的主要人员有：第1章王延松、么旭阳；第2章王延松、高晓宁；第3章么旭阳、吕久俊；第4章吕久俊、张弨；第5章吕久俊、曾祥玲、李道宁；第6章张慧、吕久俊、么旭阳；第7章么旭阳、高晓宁、曾祥玲、车宏宇；第8章李道宁、王赫；第9章褚阔、张弨。全书由王延松、吕久俊、么旭阳、张慧统稿，王延松审定。

　　本书在研究和编写过程中得到了国家生态环境部、辽宁省生态环境厅的领导和国家、省及各市生态保护红线小组委员会以及相关承担单位和参与单位相关领导的大力支持，在此特别感谢生态环境部生态司崔书红司长、国家生态保护红线首席专家高吉喜研究员、辽宁省生态环境厅李德民副厅长和自然生态保护处高奇星处长。同时，非常感谢辽宁省自然资源厅、林业和草原局、水利厅等相关单位以及各市生态保护红线划定技术人员的支持！许多专家学者在本书出版过程中提出了大量宝贵意见，在此谨呈衷心的谢意！

希望本书的出版能够使读者了解辽宁省生态环境现状、生态环境问题，以及辽宁省生态功能重要区、生态环境脆弱区和各类保护地。本书的数据是经过相关调查得出的研究结果，可为政府决策部门和相关领域的科学研究提供有益的参考。

由于编者水平有限，书中难免会有疏漏和不当之处，敬请提出宝贵意见。

编者
2019 年 6 月

目 录

1 区域概况

1.1 自然环境状况

1.1.1 地理位置

辽宁省位于我国东北平原南部，与河北省、内蒙古自治区和吉林省接壤，以鸭绿江为界与朝鲜毗邻。南临黄海和渤海。全省陆域国土空间总面积147331.53 km²（本研究陆域统计面积），如图1-1所示。

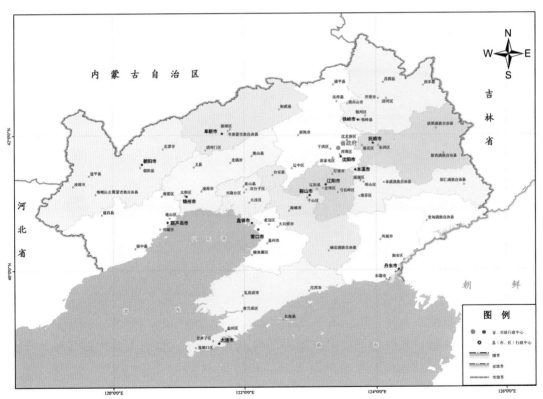

图1-1 辽宁省地理位置

1.1.2 地形地貌

辽宁省地形地貌多样,东西两侧为山地丘陵,中间为平原。全省地势自北向南,由东西向中部倾斜。山地丘陵大致分列于东西两侧,约占全省总面积的2/3;中部为广阔的辽河平原,约占全省总面积的1/3。东西部山地丘陵一般海拔在500 m左右,只有少数山峰在千米以上。中部的辽河平原由深厚的冲积层构成。平原南部地势低洼;平原北部因下降幅度较小,且受第四纪松辽分水岭上升的影响,形成起伏平缓的漫岗丘陵。辽东半岛由于长期处于构造下沉,海岸较曲折,多港湾岛屿(图1-2)。

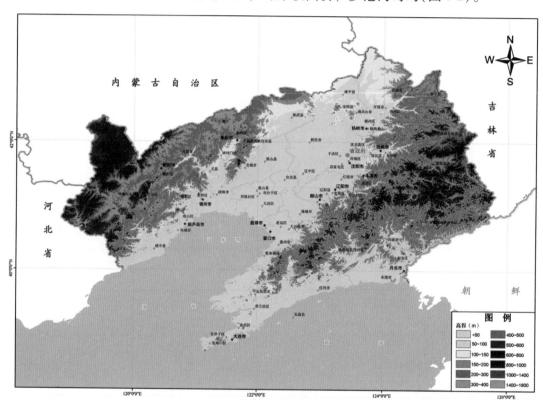

图1-2 辽宁省地势地貌

1.1.3 气候特征

辽宁省地处欧亚大陆东岸,属于温带大陆性季风气候,四季分明,雨热同季,寒冷期长,日照丰富,东湿西干。全省年平均气温为8.6℃,自沿海向内陆递减,全省年平均降水量为648 mm,由东向西递减,年日照时数为2100~2900 h(图1-3至图1-4)。

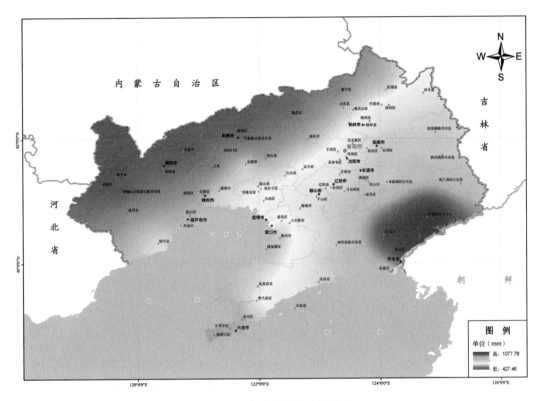

图1-3 辽宁省年均降水量分布

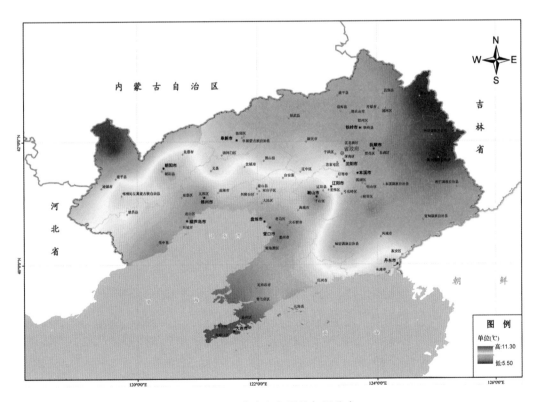

图1-4 辽宁省多年平均气温分布

1.1.4 水文特征

辽宁省河流、水库数量较多，径流时空分布不均。按照 2013 年全国水利普查成果，辽宁省分为 7 个水系，具体为：辽河水系、辽东湾西部沿渤海诸河水系、辽东湾东部沿渤海诸河水系、辽东沿黄海诸河水系、鸭绿江水系、松花江水系、滦河及冀东沿海诸河水系。目前由省水利部门注册登记或管理的水库共有 791 座，常年水面面积大于 1 km^2 的淡水湖泊共有 4 座(图 1-5)。

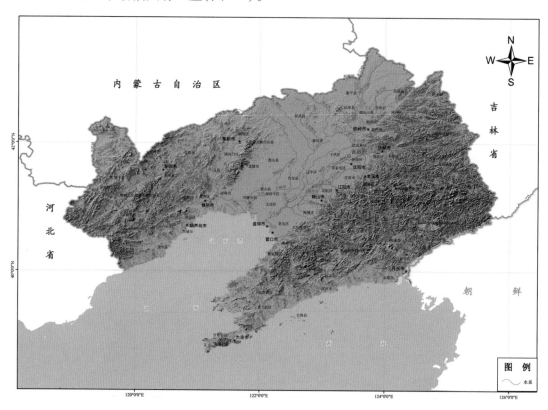

图 1-5　辽宁省水系

1.1.5 自然资源

土地资源：辽宁省土地总面积占全国土地总面积的 1.5%。其中耕地主要分布在辽宁省的中部平原区和辽西北低山丘陵的河谷地带，约占全省土地总面积的 33.52%；林地主要分布在辽宁省的东部山区，约占全省土地总面积的 37.84%；牧草地主要分布在辽宁省的西北部地区，约占全省土地总面积的 0.02%，其他农业用地约占全省土地总面积的 3.16%，城镇村及工矿用地约占全省土地总面积的 9%，交通运输用地约占全省土地总面积的 1.06%，水库水面、水工建设工地约占全省土地总面积的 0.93%，其他约占全省土地总面积的 11.32%(图 1-6)。

动植物资源：辽宁省在动物地理分布上处于东北、华北、蒙新三个动物区系的延

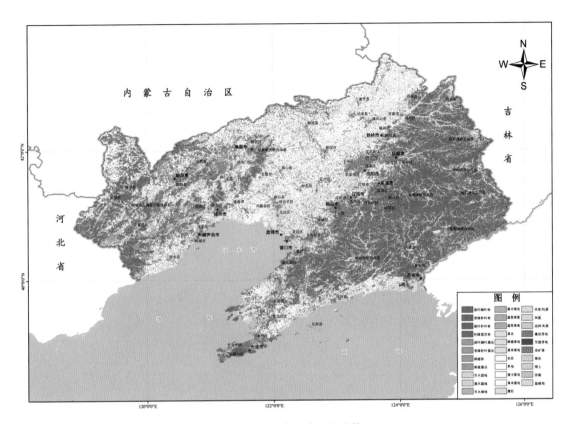

图1-6 辽宁省土地利用现状

续交汇地区，自然景观复杂，境内有森林、水域、草原等自然环境，通过漫长的历史时期形成了丰富的动物资源。辽宁省有两栖、哺乳、爬行、鸟类动物7纲62目210科492属827种。其中，有国家一级保护动物6种，二级保护动物68种，三级保护动物107种。全省植被类型多样、物种资源丰富，东部森林覆盖率高，中部平原及沿海低地以农业植被为主，西部以林地和农业植被为主。辽宁省有野生维管束植物161科2200余种，其中有经济价值的1300种以上。

矿产资源：辽宁省矿产资源丰富，探明储量并列入储量平衡表的矿产有70多种（不含石油、天然气、放射性矿产、地热、地下水、矿泉水），产地668处。石油已探明的储量1.25亿t，天然气135亿m³。而且辽宁的菱镁矿是世界上具有优势的矿种，在全国具有优势的矿产还有硼、铁、金刚石、滑石、玉石、石油等6种，具有比较优势的矿产主要有煤、煤层气、天然气、锰、钼、金、银、熔剂灰岩、冶金用白云岩、冶金用石英岩、硅灰石、玻璃用石英石、珍珠岩、耐火黏土、水泥用灰岩、沸石等16种。

旅游资源：辽宁省历史悠久，旅游资源十分丰富。其中山岳风景区有千山、凤凰山、医巫闾山、龙首山、辉山、大孤山、冰峪沟等；海岸风光有大连滨海、金州东海岸、兴城滨海、笔架山、葫芦岛、鸭绿江等；岩洞风景有本溪水洞、庄河仙人洞；泉水名胜有汤岗子温泉、五龙背温泉、兴城温泉等；特异景观主要有金石滩海滨喀斯特地貌景观、蛇岛、鸟岛、怪坡、响山等；人文景观有以沈阳为代表的陵、庙、寺、城50余处；旅游度假区有大连金石滩、葫芦岛碣石、沈阳辉山、庄河冰峪沟、瓦房店仙浴湾、盖州白沙湾等。辽宁的九门口长城、沈阳故宫、昭陵、福陵、永陵和五女山城等6处被联合国教科文组织确定为世界文化遗产。

1.2 经济社会概况

1.2.1 人口特征

2017年年末辽宁省常住人口4368.9万人（图1-7）。

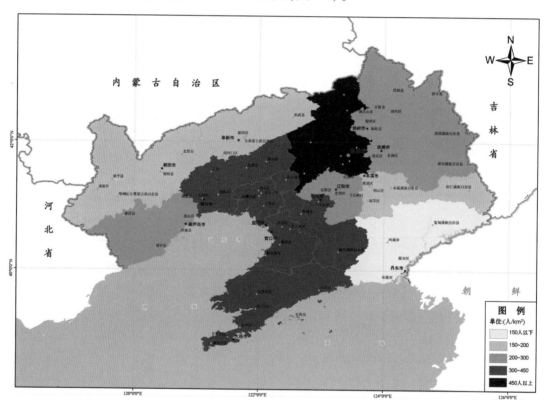

图1-7 辽宁省人口分布

1.2.2 经济发展

2017年辽宁省地区生产总值23942.0亿元。其中，第一产业2182.1亿元，第二产业9397.8亿元，第三产业12362.1亿元；第一、二、三产业增加值占地区生产总值的比重为9.1∶39.3∶51.6，人均地区生产总值54745元。全年一般公共财政预算收入2390.2亿元，全社会固定资产投资6444.7亿元。

1.3 生态保护重点区域

根据《全国生态功能区划(修编版 2015)》，辽宁省共涉及 5 个重要生态功能区，分别是长白山区水源涵养与生物多样性保护重要区、辽河源水源涵养重要区、辽河三角洲湿地生物多样性保护重要区、京津冀北部水源涵养重要区和科尔沁沙地防风固沙重要区。辽宁东部山区处于长白山区水源涵养与生物多样性保护重要区，包括辽宁省的大连市、鞍山市、抚顺市、本溪市、丹东市、营口市、辽阳市、铁岭市全部或部分区域；辽河三角洲湿地处于辽河三角洲湿地生物多样性保护重要区，包括辽宁省的盘锦市和锦州市部分区域。辽宁西部老哈河上游处于辽河源水源涵养重要区，主要包括辽宁省的朝阳市、葫芦岛市部分区域。

根据《全国重点生态功能区划(修编版 2017)》，辽宁省共 4 个县列入全国重点生态功能区，包括抚顺市新宾满族自治县，本溪市本溪满族自治县、桓仁满族自治县，丹东市宽甸满族自治县。

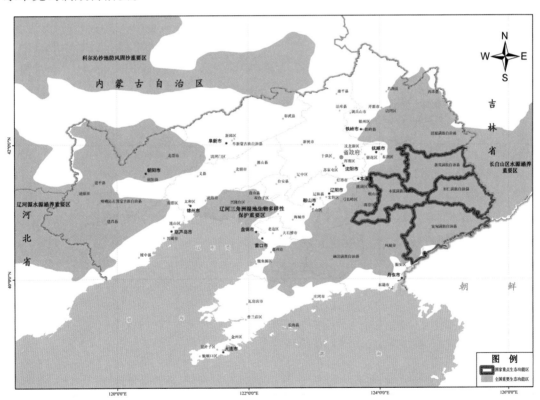

图 1-8 辽宁全国重点生态功能区和全国重要生态功能区分布

根据《全国生态脆弱区保护规划纲要(2008)》，划定了 19 个全国生态脆弱区重点保护区域及发展方向，辽宁省属于北方农牧交错生态脆弱区和沿海水陆交接带生态脆弱区(表 1-1)。综上所述，辽宁省区域生态地位十分重要。

表 1-1 全国生态脆弱区重点保护区域及发展方向

生态脆弱区	重点区域	主要生态问题	发展方向与措施
北方农牧交错生态脆弱区	辽西以北丘陵灌丛草原垦殖退沙化生态脆弱重点区域	草地过垦过牧，植被退化明显，土地沙漠化强烈，水土流失严重，气候干旱，水资源短缺	禁止过度垦殖、樵采和超载放牧，全面退耕还林（草），防治草地退化、沙化，恢复草原植被，发展节水农业和生态养殖业
沿海水陆交接带生态脆弱区	辽河、黄河、长江、珠江等滨海三角洲湿地及其近海水域	湿地退化，调蓄净化能力减弱，土壤次生盐渍化加重，水体污染，生物多样性下降	调整湿地利用结构，全面退耕还湿，合理规划，严格控制水体污染，重点发展特色养殖业和生态旅游业

1.4 生态环境保护概况

1.4.1 环境保护法规不断完善

辽宁省先后制定颁布了与环境保护相关的系列法规和规章，包括《辽宁省环境保护条例》《辽宁省海洋环境保护办法》《辽宁省野生珍稀植物保护暂行规定》《辽宁省野生动物资源保护条例》《辽宁省森林和野生动物型自然保护区管理实施细则》《辽宁省风景名胜区保护管理暂行条例》《辽宁省湿地保护条例》《辽宁省辽河保护区条例》《辽宁省凌河保护区条例》和《辽宁省青山保护条例》等。这些法规、规章的制定和实施，有力地保护了辽宁省的生态环境。

1.4.2 保护地体系逐渐健全

目前，辽宁省已建立省级以上各类保护地共 10 类，包含 281 处各类保护地和 12 个市的一级国家级公益林，初步形成了布局基本合理、类型较为齐全、功能渐趋齐全的生态环境保护网络。其中，国家级自然保护区 19 处，省级自然保护区 28 处；国家级风景名胜区 9 处，省级风景名胜区 14 处；国家级湿地公园 17 处，省级湿地公园 22 处；国家级森林公园 31 处，省级森林公园 41 处；国家级地质公园 5 处；重要饮用水水源地 56 处；国家级水产种质资源保护区 5 处，省级水产种质资源保护区 1 处；省级重要湿地 31 处；其他保护地包括：辽河、凌河保护区 2 处、一级国家级公益林分布在 12 个城市。

1.4.3 重大生态工程稳步推进

近年来，辽宁省实施天然林保护、退耕还林、防护林体系、海防林建设、湿地保护、重要生态功能区恢复和野生动植物保护等一批重大生态建设工程；推进辽西北沙化和荒漠化土地治理工作、草原植被恢复与建设工程以及造林绿化工作，加强辽西北生态保护；落实《辽宁省矿山地质环境恢复和综合治理工作方案》，加大对废弃矿山生态修复力度，加强矿山生态环境建设与保护。目前，大部分地区生态环境现状有所改善，辽宁省生态环境保护工作取得了阶段性成果。

1.4.4 环境保护治理成效显著

近年来，辽宁省在大气、水、土壤、农村环境等环境保护治理方面成效显著。其中，启动实施《辽宁省大气污染防治行动计划》，全面落实国家《大气污染防治行动计划》，扎实推进蓝天工程，坚决打好蓝天保卫战；启动实施《辽宁省水污染防治行动计划》、巩固提升辽河摘帽成果，全面落实国家《水污染防治行动计划》，强力推进碧水工程；启动实施《辽宁省土壤污染防治行动计划》，全面落实国家《土壤污染防治行动计划》，全面实施净土工程；深入推进农村环境综合治理，开展宜居乡村建设工作，大力实施农村环保工程。

2

主要生态问题

2.1 生态环境本底较为脆弱

辽宁省位于中国东部半湿润气候向半干旱气候过渡、森林带向草原带过渡、农林区向牧业区过渡的交错地带,从辽宁省西北部通过,东起昌图县西部,向西南经康平县和彰武县中部,沿阜新市、北票市和朝阳市北部,穿过建平县进入内蒙古境内,在辽宁省境内全长约 450 km,宽 30~50 km。此外,在辽东半岛和辽西低山丘陵区,植被生物量较低,生态系统质量较差,易发生各类自然灾害。因此,辽宁省在有着多维度发展潜力的同时,由于处于 3 个过渡交错地带,自身抗环境干扰能力较差,整体生态功能脆弱。

2.2 生态空间十分紧张

《辽宁省生态环境十年变化遥感调查与评估综合报告(2000—2010 年)》显示,辽宁省城市扩展占用农田生态系统面积 1702. 07 km²,向其他生态系统扩张 254. 99 km²,且仍有加重趋势。此外,农田开垦又进一步加剧了辽宁省土地沙化、水土流失等生态问题,使原本脆弱敏感的生态系统更加脆弱。

针对以上生态问题,通过划定并严守生态保护红线,以有效遏制对生态空间的干扰与破坏,保护脆弱生态系统,维护与提升水源涵养、水土保持、防风固沙、生物多样性维护等生态系统服务功能,提高应对气候变化、自然灾害能力,维护全省国土生态安全格局,更好地促进全省经济社会可持续发展。

2.3 局部生态功能下降

受人为活动的影响,尤其是在 20 世纪 90 年代以前,由于砍伐森林、毁林开荒,使生态环境受到干扰,受威胁的野生动植物物种不断增多,生态服务功能逐步下降。近些年,随着生态保护力度不断加大,辽宁省森林覆盖率有所增加,但森林中 60% 以上为中幼龄林,生态功能偏低。其中辽西和辽南广大低山丘陵仍以矮林、灌丛和草地为主，辽西低山丘陵部分区域出现大面积的临界裸地，植被覆盖率只有 10% ~ 15%；辽宁西北部的沙丘地由于开荒耕种和过度放牧，草地退化，载畜能力降低，固定沙丘活化变成半固定沙丘和流动沙丘的风险加大。

2.4　水土流失问题不容忽视

由于辽宁省特殊的自然地理和气候条件，特别是随着现代化、城镇化、工业化的快速发展，以及大规模频繁的生产建设活动，地表和植被不断遭受扰动，导致水土流失严重，生态环境恶化，制约经济社会可持续发展。根据 2011 年第一次全国水利普查成果，辽宁省水土流失面积 45935.6 km²，占国土面积的 31%，其中水力侵蚀 43988.4 km²、风力侵蚀 1947.2 km²。按侵蚀强度分，轻度侵蚀 23769.2 km²、中度侵蚀 12122.8 km²、强烈及以上侵蚀 10043.6km²。从区域分布来看，辽宁省东部地区侵蚀面积 11309.7 km²，占全省侵蚀面积的 24.6%；中部地区 13074.6 km²，占全省的 28.5%；西部地区 21551.3 km²，占全省的 46.9%。

3 总 则

3.1 指导思想

坚持以习近平新时代中国特色社会主义思想为指导，深入贯彻党的十九大精神，统筹推进"五位一体"总体布局，协调推进"四个全面"战略布局，坚持稳中求进工作总基调，全面落实新发展理念和"四个着力""三个推进"，按照高质量发展要求，以改善生态环境质量为核心，以保障和维护生态功能为主线，按照优化全省国土空间布局、推动经济绿色转型、改善人居环境的要求，划出对保障全省生态安全有重要意义的生态保护红线区域，实现一条红线管控重要生态空间，确保生态功能不降低、面积不减少、性质不改变，完成全省生态保护红线一张图，切实加强保护与监管，为提升全省生态文明建设水平，促进区域经济社会可持续发展奠定坚实的生态基础。

3.2 划定目标

通过开展生态功能重要性和生态环境敏感性评估，统筹考虑自然生态整体性和系统性，划定辽宁省生态保护红线，并落实到国土空间，确保重点生态功能区域、生态环境敏感脆弱区、重要生态系统和保护物种及其栖息地得到有效保护。通过划定生态保护红线，构建全省生态安全格局，为贯彻落实主体功能区战略与制度、实施生态空间用途管制，提高生态产品供给能力和生态系统服务功能，优化资源开发和产业合理布局，促进经济社会可持续发展提供有力保障。

3.3 划定原则

3.3.1 科学性原则

在资源环境承载能力和国土空间开发适宜性评价的基础上，按生态系统服务功能重要性、生态环境敏感性识别生态保护红线范围，结合自然边界以及生态廊道的连通性，合理划定生态保护红线，应划尽划。

3.3.2　整体性原则

统筹考虑自然生态整体性和系统性，合理划定生态保护红线，避免生境碎片化，加强跨区域间生态保护红线的有序衔接，确保生态保护红线布局合理、落地准确、边界清晰。

3.3.3　协调性原则

以土地现状调查数据和地理国情普查数据为基础，将陆域生态保护红线边界与主体功能区规划、城市总体规划、土地利用规划等各类规划、区划的空间边界以及土地利用现状相衔接，与永久基本农田和城镇开发边界相协调，原则上三条控制线不重叠、不交叉。与相邻省生态保护红线划定结果相衔接。

3.3.4　动态性原则

根据构建区域生态安全格局，提升生态保护能力和生态系统完整性的需要，不断优化生态保护红线布局，面积只增不减。

3.4　划定依据

3.4.1　国家法律法规及重要文件

(1)《中华人民共和国环境保护法》

(2)《中华人民共和国国家安全法》

(3)《中华人民共和国水土保持法》

(4)《中华人民共和国水污染防治法》

(5)《中华人民共和国土地管理法》

(6)《中华人民共和国水法》

(7)《中华人民共和国文物保护法》

(8)《中华人民共和国防沙治沙法》

(9)《中华人民共和国草原法》

(10)《中华人民共和国森林法》

(11)《中华人民共和国气象法》

(12)《关于划定并严守生态保护红线的若干意见》

(13)《关于印发生态保护红线划定技术指南的通知》

(14)《国务院关于印发全国国土规划纲要(2016—2030年)的通知》

(15)《国务院办公厅关于印发湿地保护修复制度方案的通知》

(16)《国务院关于印发"十三五"生态环境保护规划的通知》

(17)《关于印发全国土地利用总体规划纲要(2006—2020年)调整方案的通知》

(18)《水利部关于印发全国重要饮用水水源地名录(2016年)的通知》

(19)《关于印发全国生态功能区划(修编版)的公告》

(20)《中共中央国务院关于加快推进生态文明建设的意见》

(21)《生态文明体制改革总体方案》

(22)《国务院关于全国水土保持规划(2015—2030年)的批复》

(23)《中共中央关于全面深化改革若干重大问题的决定》

(24)《国务院关于全国重要江河湖泊水功能区划(2011—2030年)的批复》

(25)《国务院关于印发全国主体功能区规划的通知》

(26)《国务院关于全国林地保护利用规划纲要(2010—2020年)的批复》

(27)《国务院关于印发全国土地利用总体规划纲要(2006—2020年)的通知》

(28)《全国生态脆弱区保护规划纲要》

(29)《全国重点生态功能区划(修编版2017)》

(30)《中国生物多样性保护战略与行动计划(2011—2030年)》

(31)《全国国土规划纲要(2016—2030年)》

(32)《"十三五"生态环境保护规划》

3.4.2 地方法规规章及重要文件

(1)《辽宁省青山保护条例》(2012年)

(2)《辽宁省防沙治沙条例》(2009年)

(3)《辽宁省草原管理实施办法》(2009年)

(4)《辽宁省湿地保护条例》(2007年)

(5)辽宁省实施《中华人民共和国防洪法》办法(2007年)

(6)《辽宁省风景名胜保护管理暂行条例》(2006年)

(7)《辽宁省古生物化石保护条例》(2005年)

(8)《辽宁省环境保护条例》(2018年)

(9)《辽宁省实施〈中华人民共和国气象法〉办法》(2002年)

(10)中共辽宁省委办公厅辽宁省人民政府办公厅《关于印发贯彻落实〈关于划定并严守生态保护红线的若干意见〉方案》的通知

(11)《辽宁省环境保护厅关于印发生态保护红线划定技术指南的通知》

(12)《辽宁省环境保护"十三五"规划》(2016年)

(13)《辽宁省国民经济和社会发展第十三个五年规划》(2016年)

(14)《辽宁省省级湿地公园管理办法(试行)》(2016年)

(15)《辽宁省主体功能区规划》(2014年)

(16)《辽宁省生态保护与建设规划(2014—2020年)》

(17)《辽宁省林地保护利用规划(2010—2020年)》

（18）《生态脆弱区植被建设工程总体规划》（2009 年）

（19）《辽宁省生态功能区划方案》（2006 年）

（20）《辽宁省土地利用总体规划（2006—2020 年）》

（21）《辽宁生态省建设规划纲要（2006—2025 年）》

（22）《辽宁省自然保护区名录》（截至 2018 年）

3.4.3 技术标准

（1）《生态保护红线划定指南》

（2）中华人民共和国行政区划代码（GB/T 2260）

（3）国家基本比例尺地图编绘规范（GB/T 12343）

（4）基础地理信息要素分类与代码（GB/T 13923）

（5）饮用水水源保护区划分技术规范（HJ/T 338）

（6）土壤侵蚀分类分级标准（SL 190）

（7）基础地理信息数据库基本规定（CH/T 9005）

生态保护红线划定技术流程

按照定量与定性相结合的原则，通过科学评估，识别生态保护的重点类型和重要区域，确定水源涵养、生物多样性维护、水土保持等生态功能极重要区域及生态极敏感区域，并与各类保护地进行校验，形成生态保护红线空间叠加图，确保划定范围涵盖国家级和省级禁止开发区域，以及其他有必要严格保护的各类保护地。通过边界处理、现状与规划衔接、跨区域协调、上下对接等步骤，确定生态保护红线边界(图4-1)。

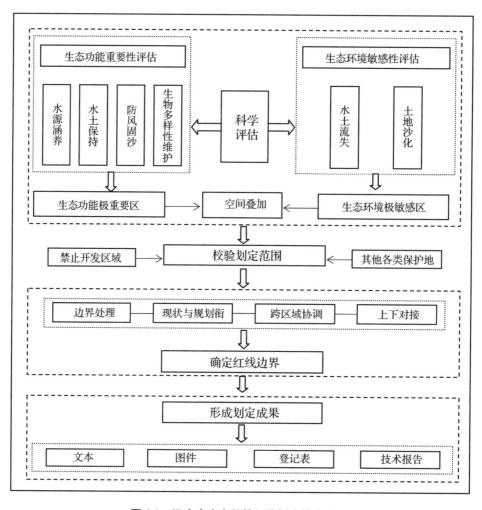

图4-1 辽宁省生态保护红线划定技术流程

4.1　开展科学评估

在国土空间范围内，按照《生态保护红线划定指南》中的方法以及土壤侵蚀分类分级标准(SL 190)，开展全省生态功能重要性评估和生态环境敏感性评估，确定水源涵养、生物多样性维护、水土保持等生态功能极重要区域和土地沙化、水土流失极敏感区域，初步识别生态保护红线范围。

科学评估的主要步骤包括：确定基本评估单元、选择评估类型与方法、数据准备、模型运算、评估分级和现场校验。

(1)基本评估单元。根据生态评估参数的数据可获取性，统一评估工作精度要求。生态保护红线划定评估的基本空间单元确定为 250 m×250 m 网格，评估工作运行环境采用地理信息系统软件。

(2)选择评估类型与方法。根据本地区生态环境特征和主要生态问题，确定了水源涵养、水土保持、生物多样性维护和防风固沙 4 种生态功能以及水土流失和土地沙化 2 种生态脆弱敏感性类型，结合数据条件，选取相应的模型进行评估。

(3)数据来源与加工。根据评估方法，搜集评估所需各类数据，包括基础地理信息数据、土地利用现状及年度调查监测数据、气象观测数据、遥感影像、地表参量、生态系统类型与分布数据等。评估的基础数据类型为栅格数据，非栅格数据通过预处理，统一转换为便于空间计算的网格化栅格数据。

(4)模型运算。根据评估模型，在地理信息系统软件中输入评估所需的各项参数，计算生态系统服务功能重要性和生态环境敏感性指数。

(5)评估分级。根据评估结果，将生态功能重要性依次划分为一般重要、重要和极重要 3 个等级，将生态环境敏感性依次划分为一般敏感、敏感和极敏感 3 个等级。

4.2　校验划定范围

根据相关规划、区划中重要生态区域空间分布，结合专家判别，综合判断评估结果与实际生态状况的相符性。

根据以上结果，将评估得到的生态功能极重要区和生态环境极敏感区进行叠加合并，并与各类保护地进行校验，形成生态保护红线空间叠加图，确保划定范围涵盖国家级和省级禁止开发区域，以及其他有必要严格保护的各类保护地。

4.3　确定红线边界

将确定的生态保护红线叠加图，通过边界处理、现状与规划衔接、跨区域协调、上下对接等步骤，确定生态保护红线边界。

（1）边界处理。采用地理信息系统软件，对叠加图层进行图斑处理，合理扣除独立细小斑块和建设用地、基本农田。边界调整的底图采用地理普查数据库或土地利用调查数据成果，按照保护需要和开发利用现状，结合以下几类界线勾绘调整生态保护红线边界：①自然边界，主要是依据地形地貌或生态系统完整性确定的边界，如林线、流域分界线，以及生态系统分布界线等；②自然保护区、风景名胜区等各类保护地边界；③江河、湖库等向陆域延伸一定距离的边界；④地块边界，地理国情普查、土地调查、森林草原湿地等自然资源调查等明确的地块边界。

（2）现状与规划衔接。将生态保护红线边界与各类规划、区划空间边界及土地利用现状相衔接，综合分析开发建设与生态保护关系，结合经济社会发展实际，合理确定开发与保护边界，提高生态保护红线划定合理性和可行性。

（3）跨区域协调。根据生态安全格局构建需要，综合考虑区域或流域生态系统完整性，以地形、地貌、植被、河流水系等自然界线为依据，充分与相邻行政区域生态保护红线划定结果进行衔接与协调，开展跨区域技术对接，确保生态保护红线空间连续，实现跨区域生态系统整体保护。

（4）上下对接。采取上下结合的方式开展技术对接，广泛征求各市县级政府意见，修改完善后达成一致意见，确定生态保护红线边界。

4.4　形成划定成果

在上述工作基础上，编制生态保护红线划定文本、图件、登记表及技术报告，形成生态保护红线划定方案。

5

生态保护红线划定方法

5.1 生态系统服务功能评估与红线划定方法

在国土空间范围内，按照资源环境承载能力和国土空间开发适宜性评价技术方法，依据《生态保护红线划定指南》开展生态功能重要性评估和生态环境敏感性评估。根据评估结果，将生态功能重要性依次划分为一般重要、重要和极重要3个等级，将生态环境敏感性依次划分为一般敏感、敏感和极敏感3个等级。将生态功能极重要区域及极敏感区域，纳入生态保护红线。

5.1.1 水源涵养功能评估与红线划定方法

水源涵养是生态系统(如森林、草地等)通过其特有的结构与水相互作用，对降水进行截留、渗透、蓄积，并通过蒸散发实现对水流、水循环的调控，主要表现在缓和地表径流、补充地下水、减缓河流流量的季节波动、滞洪补枯、保证水质等方面。以水源涵养量作为生态系统水源涵养功能的评估指标。

数据准备：植被类型、土壤属性、土地利用、地形以及气象数据(气温、降水等)。

评价方法：采用水量平衡方程来计算水源涵养量，计算公式为：

$$TQ = \sum_{i=1}^{j} (P_i - R_i - ET_i) \times A_i \times 10^3 \tag{5-1}$$

式中：TQ——总水源涵养量(m^3)；

P_i——降水量(mm)；

R_i——地表径流量(mm)；

ET_i——蒸散发(mm)；

A_i——i 类生态系统面积(km^2)；

i——研究区第 i 类生态系统类型；

j——研究区生态系统类型数。

地表径流因子：降水量乘以地表径流系数获得，计算公式如下：

$$R = P \times \alpha \tag{5-2}$$

式中：R——地表径流量(mm)；

P——多年平均降水量(mm)；

α——平均地表径流系数，如表5-1所示。

表5-1　各类型生态系统地表径流系数均值

生态系统类型1	生态系统类型2	平均径流系数(%)
森林	常绿阔叶林	2.67
	常绿针叶林	3.02
	针阔混交林	2.29
	落叶阔叶林	1.33
	落叶针叶林	0.88
	稀疏林	19.20
灌丛	常绿阔叶灌丛	4.26
	落叶阔叶灌丛	4.17
	针叶灌丛	4.17
	稀疏灌丛	19.20
草地	草甸	8.20
	草原	4.78
	草丛	9.37
	稀疏草地	18.27
湿地	湿地	0.00

红线提取：通过模型计算，得到不同类型生态系统服务值(如水源涵养量)栅格图。在ArcGIS地理信息系统软件中，运用栅格计算器，输入公式"Int([某一功能的栅格数据]/[某一功能栅格数据的最大值])×100"，得到归一化后的生态系统服务值栅格图。导出栅格数据属性表，属性表记录了每一个栅格像元的生态系统服务值，将服务值按从高到低的顺序排列，计算累加服务值。将累加服务值占生态系统服务总值比例的50%与80%所对应的栅格值，作为生态系统服务功能评估分级的分界点，利用地理信息系统软件的重分类工具，将生态系统服务功能重要性分为3级，即极重要、重要和一般重要。

5.1.2　水土保持功能评估与红线划定方法

数据准备：植被类型、土壤属性、土地利用、地形以及气象数据(气温、降水)。

评价方法：水土保持功能主要采取修正通用水土流失方程(USLE)的水土保持功能算法。

$$A_c = A_p - A_r = R \times K \times L \times S \times (1 - C) \tag{5-3}$$

式中：A_c——水土保持量$[\mathrm{t}/(\mathrm{hm}^2 \cdot \mathrm{a})]$；

A_p——潜在土壤侵蚀量；

A_r——实际土壤侵蚀量；

R——降雨侵蚀力因子($\mathrm{MJ \cdot mm/hm^2 \cdot h \cdot a}$)；

K——土壤可蚀性因子($\mathrm{t \cdot hm^2 \cdot h/hm^2 \cdot MJ \cdot mm}$)；

L、S——地形因子，L 表示坡长因子，S 表示坡度因子；

C——植被覆盖因子。

降雨侵蚀量因子 R：是指降雨引发土壤侵蚀的潜在能力，通过多年平均年降雨侵蚀力因子($\bar{R}$)反映，计算公式如下：

$$R = \sum_{k=1}^{24} \bar{R}_{半月 k} \tag{5-4}$$

$$\bar{R}_{半月 k} = \frac{1}{n} \sum_{i=1}^{n} \sum_{j=0}^{m} (\alpha \times P_{i,j,k}^{1.7265}) \tag{5-5}$$

式中：R——多年平均年降雨侵蚀力($\mathrm{MJ \cdot mm/hm^2 \cdot h \cdot a}$)；

$\bar{R}_{半月 k}$——第 k 个半月的降雨侵蚀力($\mathrm{MJ \cdot mm/hm^2 \cdot h \cdot a}$)；

k——一年的 24 个半月，$k = 1, 2, \cdots, 24$；

i——所用降雨资料的年份，$i = 1, 2, \cdots, n$；

j——第 i 年第 k 个半月侵蚀性降雨日的天数，$j = 1, 2, \cdots, m$；

$P_{i,j,k}$——第 i 年第 k 个半月第 j 个侵蚀性日降水量(mm)，可以根据全国范围内气象站点多年的逐日降水量资料，通过插值获得；或者直接采用国家气象局的逐日降水量数据产品；

α——参数，暖季时 $\alpha = 0.3937$，冷季时 $\alpha = 0.3101$。

土壤可蚀性因子 K：指土壤颗粒被水力分离和搬运的难易程度，主要与土壤质地、有机质含量、土体结构、渗透性等土壤理化性质有关，计算公式如下：

$$K = (-0.01383 + 0.51575 K_{EPIC}) \times 0.1317 \tag{5-6}$$

$$K_{EPIC} = \{0.2 + 0.3 \exp[-0.0256 m_s (1 - m_{silt}/100)]\} \times [m_{silt}/(m_c + m_{silt})]^{0.3}$$
$$\times \{1 - 0.25 orgC/[orgC + \exp(3.72 - 2.95 orgC)]\}$$
$$\times \{1 - 0.7(1 - m_s/100)/\{(1 - m_s/100) + \exp[-5.51 + 22.9(1 - m_s/100)]\}$$
$$\tag{5-7}$$

式中：K_{EPIC}——表示修正前的土壤可蚀性因子；

K——表示修正后的土壤可蚀性因子；

m_c、m_{silt}、m_s 和 $orgC$——黏粒(< 0.002 mm)、粉粒($0.002 \sim 0.05$ mm)、砂粒($0.05 \sim 2$ mm)和有机碳的百分比含量(%)，数据来源于中国 $1:100$ 万土壤数据库。

在 Excel 表格中，利用上述公式计算 K 值，然后以土壤类型图为工作底图，在 ArcGIS 中将 K 值连接(Join)到底图上。利用 Conversion Tools 中矢量转栅格工具，转换成空间分辨率为 250m 的土壤可蚀性因子栅格图。

地形因子 L、S：L 表示坡长因子，S 表示坡度因子，是反映地形对土壤侵蚀影响的两个因子。在评估中，可以应用地形起伏度，即地面一定距离范围内最大高差，作为区域土壤侵蚀评估的地形指标。选择高程数据集，在 Spatial Analyst 下使用 Neighborhood Statistics，设置 Statistic Type 为最大值和最小值，即得到高程数据集的最大值和最小值，然后在 Spatial Analyst 下使用栅格计算器 Raster Calculator，公式为［最大值 – 最小值］，获取地形起伏度，即地形因子栅格图。

植被覆盖因子 C：反映了生态系统对土壤侵蚀的影响，是控制土壤侵蚀的积极因素。水田、湿地、城镇和荒漠参照 N – SPECT 的参数分别赋值为 0、0、0.01 和 0.7，其余生态系统类型按不同植被覆盖度进行赋值，如表 5-2 所示。

表 5-2　不同生态系统类型植被覆盖赋值

生态系统类型	植被覆盖度(%)					
	< 10	10 ~ 30	30 ~ 50	50 ~ 70	70 ~ 90	> 90
森林	0.1	0.08	0.06	0.02	0.004	0.001
灌丛	0.4	0.22	0.14	0.085	0.04	0.011
草地	0.45	0.24	0.15	0.09	0.043	0.011
乔木园地	0.42	0.23	0.14	0.089	0.042	0.011
灌木园地	0.4	0.22	0.14	0.087	0.042	0.011

红线提取：同水源涵养功能区生态保护红线提取方法。

5.1.3　防风固沙功能评估与红线划定方法

防风固沙是生态系统(如森林、草地等)通过其结构与过程减少由于风蚀所导致的土壤侵蚀的作用，是生态系统提供的重要调节服务之一。防风固沙功能主要与风速、降雨、温度、土壤、地形和植被等因素密切相关。以防风固沙量(潜在风蚀量与实际风蚀量的差值)作为生态系统防风固沙功能的评估指标。

数据准备：植被覆盖、土地利用、土壤属性、地形、气象数据和长时间序列NDVI。

评价方法：采用修正风蚀方程来计算防风固沙量。

$$S_L = \frac{2 \times z}{S^2} Q_{max} \times e^{-(z/s)^2} \tag{5-8}$$

$$S = 150.71 \times (WF \times EF \times SCF \times K' \times C)^{-0.3711} \tag{5-9}$$

$$Q_{max} = 109.8 \times [WF \times EF \times SCF \times K' \times C] \tag{5-10}$$

$$S_{L潜} = \frac{2 \times z}{S_潜^2} Q_{max潜} \times e^{-(z/s_潜)^2} \tag{5-11}$$

$$Q_{max潜} = 109.8 \times [WF \times EF \times SCF \times K' \times C] \tag{5-12}$$

$$S_潜 = 150.71 \times (WF \times EF \times SCF \times K' \times C)^{-0.3711} \tag{5-13}$$

$$SR = S_{L潜} - S_L \tag{5-14}$$

式中：SR——固沙量［t/(km² · a)］；

$SL_{潜}$——潜在风力侵蚀量$[t/(km^2 \cdot a)]$;

S_L——实际风力侵蚀量$[t/(km^2 \cdot a)]$;

Q_{max}——最大转移量(kg/m);

Z——最大风蚀出现距离(m);

WF——气候因子(kg/m);

K'——地表糙度因子;

EF——土壤可蚀因子;

SCF——土壤结皮因子;

C——植被覆盖因子。

气候因子WF:

$$WF = Wf \times \frac{\rho}{g} \times SW \times SD \tag{5-15}$$

式中：WF——气候因子(kg/m),12 个月WF总和得到多年年均WF;

Wf——各月多年平均风力因子;

ρ——空气密度(kg/m^3);

g——重力加速度(m/s);

SW——各月多年平均土壤湿度因子,无量纲;

SD——雪盖因子,无量纲。

在 Excel 中计算出区域所有气象站点的多年平均风力,将这些值根据相同的站点名与 ArcGIS 中的站点(点图层)数据相连接(Join)。在 Spatial Analyst 工具中选择 Interpolate to Raster 选项,选择相应的插值方法得到各月多年平均风力因子栅格图。雪盖数据来源于寒区旱区科学数据中心的中国地区 Modis 雪盖产品数据集。

土壤可蚀因子EF:

$$EF = \frac{29.09 + 0.31sa + 0.17si + 0.33(sa/cl) - 2.59OM - 0.95caco_3}{100} \tag{5-16}$$

式中：sa——土壤粗砂含量$(0.2 \sim 2~mm)(\%)$;

si——土壤粉砂含量$(\%)$;

cl——土壤黏粒含量$(\%)$;

OM——土壤有机质含量$(\%)$;

$caco_3$——碳酸钙含量$(\%)$,可不予考虑。

土壤结皮因子SCF:

$$SCF = \frac{1}{1 + 0.0066(cl)^2 + 0.021(OM)^2} \tag{5-17}$$

式中：cl——土壤黏粒含量$(\%)$;

OM——土壤有机质含量$(\%)$。

植被覆盖因子C:不同植被类型的防风固沙效果不同,研究将植被分为林地、灌丛、草地、农田、裸地和沙漠 6 个植被类型，根据不同的系数计算各植被覆盖因子 C 值：

$$C = e^{a_i(SC)} \tag{5-18}$$

式中：SC——植被覆盖度；

a_i——不同植被类型的系数，林地系数为 -0.1535，草地为 -0.1151，灌丛为 -0.0921，裸地为 -0.0768，沙地为 -0.0658，农田为 -0.0438。

地表糙度因子 K'：

$$K' = e^{1.86K_r - 2.41K_r^{0.934} - 0.127C_{rr}} \tag{5-19}$$

$$K_r = 0.2 \times \frac{(\Delta H)^2}{L} \tag{5-20}$$

式中：K_r——土垄糙度（cm），以 Smith-Carson 方程加以计算；

C_{rr}——随机糙度因子（cm），取 0；

L——地势起伏参数；

ΔH——距离 L 范围内的海拔高程差。

在 GIS 软件中使用 Neighborhood statistics 工具计算 DEM 数据相邻单元格地形起伏差值获得。

红线提取：同水源涵养功能区生态保护红线提取方法。

5.1.4 生物多样性维护功能评估与红线划定方法

生物多样性维护功能是生态系统在维持基因、物种、生态系统多样性发挥的作用，是生态系统提供的主要功能之一。

（1）NPP 法。生物多样性维护功能采用净初级生产力（NPP）定量指标评估法。

数据准备：全国生物物种联合执法检查和调查项目——辽宁省生物多样性调查数据、气象数据（30 年）、地形和 NDVI、生态系统净初级生产力 NPP。

生态系统净初级生产力（NPP）可基于 CASA 光能利用率模型计算。CASA 模型认为 NPP 是由植物光合作用与其对光能利用率的大小共同决定的。所以，CASA 模型中 NPP 的估算可以由植物的光合有效辐射（APAR）和实际光能利用率（ε）两个因子来表示，其估算公式如下：

$$NPP(x, t) = APAR(x, t) \times \varepsilon(x, t) \tag{5-21}$$

式中：$APAR(x, t)$——像元 x 在 t 月吸收的光合有效辐射（g C/ m^2 · month）；

$\varepsilon(x, t)$——像元 x 在 t 月的实际光能利用率（g C/MJ）。

APAR 的估算：APAR 的值由植被所能吸收的太阳有效辐射和植被对入射光合有效辐射的吸收比例来确定。

$$APAR(x, t) = SOL(x, t) \times FPAR(x, t) \times 0.5 \tag{5-22}$$

式中：$SOL(x, t)$——t 月在像元 x 处的太阳总辐射量；

$FPAR(x, t)$——植被层对入射光合有效辐射的吸收比例；

常数 0.5——植被所能利用的太阳有效辐射占太阳总辐射的比例。

FPAR 的估算：由于在一定范围内，FPAR 与 NDVI 之间存在着线性关系，这一关系可以根据某一植被类型 NDVI 的最大值和最小值以及所对应的 FPAR 最大值和最小值来确定。

$$\mathrm{FPAR}(x, t) = \frac{(\mathrm{NDVI}_{x,t} - \mathrm{NDVI}_{i,\min})}{(\mathrm{NDVI}_{i,\max} - \mathrm{NDVI}_{i,\min})} \times (\mathrm{FPAR}_{\max} - \mathrm{FPAR}_{\min}) + \mathrm{FPAR}_{\min} \quad (5\text{-}23)$$

式中：$\mathrm{NDVI}_{i,\max}$——对应第 i 种植被类型的 NDVI 最大值；

$\quad\quad \mathrm{NDVI}_{i,\min}$——对应第 i 种植被类型的 NDVI 最小值。

FPAR 与比值植被指数（SR）也存在着较好的线性关系，可由以下公式表示：

$$\mathrm{FPAR}_{x,t} = \frac{[\mathrm{SR}(x, t) - \mathrm{SR}_{i,\min}]}{(\mathrm{SR}_{i,\max} - \mathrm{SR}_{i,\min}) \times (\mathrm{FPAR}_{\max} - \mathrm{FPAR}_{\min}) + \mathrm{FPAR}_{\min}} \quad (5\text{-}24)$$

式中：$\mathrm{FPAR}_{\min}$——0.01，取值与植被类型无关；

$\quad\quad \mathrm{FPAR}_{\max}$——0.95，取值与植被类型无关；

$\quad\quad \mathrm{SR}_{i,\max}$——第 i 种植被类型 NDVI 的 95% 下侧百分位数；

$\quad\quad \mathrm{SR}_{i,\min}$——第 i 种植被类型 NDVI 的 5% 下侧百分位数。

$\mathrm{SR}(x, t)$ 由以下公式表示：

$$\mathrm{SR}(x, t) = \frac{1 + \mathrm{NDVI}(x, t)}{1 - \mathrm{NDVI}(x, t)} \quad (5\text{-}25)$$

通过对 FPAR - NDVI 和 FPAR - SR 所估算结果的比较发现，由 NDVI 所估算的 FPAR 比实测值高，而由 SR 所估算的 FPAR 则低于实测值，但其误差小于直接由 NDVI 所估算的结果，因此我们可以将二者结合起来，取其加权平均或平均值作为估算 FPAR 的估算值：

$$\mathrm{FPAR}_{x,t} = \alpha \mathrm{FPAR}_{\mathrm{NDVI}} + (1 - \alpha)\mathrm{FPAR}_{\mathrm{SR}} \quad (5\text{-}26)$$

光能利用率的估算：光能利用率是在一定时期单位面积上生产的干物质中所包含的化学潜能与同一时间投射到该面积上的光合有效辐射能之比。环境因子如气温、土壤水分状况以及大气水汽压差等会通过影响植物的光合能力从而调节植被的 NPP。

$$\varepsilon(x, t) = T_{\varepsilon 1}(x, t) \times T_{\varepsilon 2}(x, t) \times W_{\varepsilon}(x, t) \times W_{\varepsilon}(x, t) \times \varepsilon_{\max} \quad (5\text{-}27)$$

式中：$T_{\varepsilon 1}(x, t)$ 和 $T_{\varepsilon 2}(x, t)$——低温和高温对光能利用率的胁迫作用；

$\quad\quad W_{\varepsilon}(x, t)$——水分胁迫影响系数，反映水分条件的影响；

$\quad\quad \varepsilon_{\max}$——理想条件下的最大光能利用率（g C/MJ）。

温度胁迫因子的估算：$T_{\varepsilon 1}(x, t)$ 的估算反映在低温和高温时植物内在的生化作用对光合的限制而降低第一性生产力。

$$T_{\varepsilon 1}(x, t) = 0.8 + 0.02 \times T_{opt}(x) - 0.0005 \times [T_{opt}(x)]^2 \quad (5\text{-}28)$$

式中：$T_{opt}(x)$——植物生长的最适温度，定义为某一区域一年内 NDVI 值达到最高时的当月平均气温（℃）；当某一月平均温度 ≤ -10℃时，其值取 0。

$T_{\varepsilon 2}(x, t)$ 的估算：表示环境温度从最适温度 $T_{opt}(x)$ 向高温或低温变化时植物光能利用率逐渐变小的趋势，这是因为低温和高温时高的呼吸消耗必将会降低光能利用率，生长在偏离最适温度的条件下，其光能利用率也一定会降低。

$$T_{\varepsilon 2}(x, t) = 1.184/\{1 + \exp[0.2 \times (T_{opt}(x) - 10 - T(x, t))]\}$$
$$\times 1/\{1 + \exp[0.3 \times (-T_{opt}(x) - 10 + T(x, t))]\} \tag{5-29}$$

当某一月平均温度 $T(x, t)$ 比最适温度 $T_{opt}(x)$ 高10℃或低13℃时，该月的 $T_{\varepsilon 2}(x, t)$ 值等于月平均温度 $T(x, t)$ 为最适温度 $T_{opt}(x)$ 时 $T_{\varepsilon 2}(x, t)$ 值的一半。

水分胁迫因子的估算：水分胁迫影响系数 $W_{\varepsilon}(x, t)$ 反映了植物所能利用的有效水分条件对光能利用率的影响，随着环境中有效水分的增加，$W_{\varepsilon}(x, t)$ 逐渐增大，它的取值范围为0.5（在极端干旱条件下）到1（非常湿润条件下）。

$$W_{\varepsilon}(x, t) = 0.5 + 0.5 \times \text{EET}(x, t)/\text{EPT}(x, t) \tag{5-30}$$

式中：EET——区域实际蒸散量（mm）；

EPT——区域潜在蒸散量（mm）。

最大光能利用率的确定：月最大光能利用率 $\varepsilon_{\max}$ 的取值因不同的植被类型而有所不同，在CASA模型中全球植被的最大光能利用率为0.389 g C/MJ。

$$S_{bio} = \text{NPP}_{mean} \times F_{pre} \times F_{tem} \times (1 - F_{alt}) \tag{5-31}$$

式中：S_{bio}——生物多样性保护服务能力指数；

NPP_{mean}——计算方法参见附录A；

F_{pre}——参数由30年平均年降水量数据差值并归一化到0~1之间；

F_{tem}——气温参数，由30年平均年气温数据插值获得，得到的结果归一化到0~1之间；

F_{alt}——海拔参数，由评价区海拔进行归一化获得。

红线提取：同水源涵养功能区生态保护红线提取方法。

（2）基于生境多样性法。生物多样性维护功能与珍稀濒危和特有动植物的分布丰富程度密切相关，主要以国家一、二级保护物种并结合全国生物物种联合执法检查和调查项目——辽宁省生物多样性调查数据共同确定。

5.1.5　评估分级

通过模型计算，得到不同类型生态系统服务值（如水源涵养量、水土保持量、防风固沙量、生物多样性维护服务能力指数）的栅格图。利用地理信息系统软件得到归一化后的生态系统服务值栅格图，计算累加服务值。将累加服务值占生态系统服务总值比例的50%与80%所对应的栅格值，作为生态系统服务功能评估分级的分界点，利用地理信息系统软件的重分类工具，将生态系统服务功能重要性分为3级，即极重要、重要和一般重要（表5-2）。其中生态系统服务功能极重要区域即为生态保护红线区。

表 5-2　生态系统服务功能评估分级

重要性等级	极重要	重要	一般重要
累积服务值占服务总值比例(%)	50	30	20

5.2　生态环境敏感性评估与红线划定方法

5.2.1　水土流失敏感性评估与红线划定方法

依据《生态保护红线划定指南》，结合研究区的实际情况，选取降水侵蚀力、土壤可蚀性、坡度坡长和地表植被覆盖等评价指标，并根据研究区的实际对分级评价标准作相应的调整。将反映各因素对水土流失敏感性的单因子分布图，用地理信息系统技术进行乘积运算，公式如下：

$$SS_i = \sqrt[4]{R_i \times K_i \times LS_i \times C_i} \qquad (5-32)$$

式中：SS_i——i 空间单元水土流失敏感性指数。

评价因子包括降雨侵蚀力(R_i)、土壤可蚀性(K_i)、坡长坡度(LS_i)、地表植被覆盖(C_i)。不同评价因子对应的敏感性等级值见表 5-3。

R_i 降水侵蚀力值：可根据王万忠等利用降水资料计算的中国 100 多个城市的 R 值，采用内插法，用地理信息系统绘制 R 值分布图。根据分级标准，绘制土壤侵蚀对降水的敏感性分布图。

LS_i 坡度坡长因子：对于大尺度的分析，坡度坡长因子 LS 是很难计算的。这里采用地形的起伏大小与土壤侵蚀敏感性的关系来估计。在评价中，可以应用地形起伏度，即地面一定距离范围内最大高差，作为区域土壤侵蚀评价的地形指标。然后用地理信息系统绘制区域土壤侵蚀对地形的敏感性分布图。

K_i 土壤质地因子：可用雷诺图表示。通过比较土壤质地雷诺图和 K 因子雷诺图，将土壤质地对土壤侵蚀敏感性的影响分为 5 级。根据土壤质地图，绘制土壤侵蚀对土壤的敏感性分布图。

C_i 覆盖因子：地表覆盖因子与潜在植被的分布关系密切。根据植被分布图的较高级的分类系统，将覆盖因子对土壤侵蚀敏感性的影响分为 5 级，并利用植被图绘制土壤侵蚀对植被的敏感性分布图。

表 5-3　水土流失敏感性的评价指标及分级赋值

因素	降雨侵蚀力	土壤可蚀性	地形起伏度	植被覆盖度	分级赋值
一般敏感	<100	石砾、沙、粗砂土、细砂土、黏土	0~50	≥0.6	1
敏感	100~600	面砂土、壤土、砂壤土、粉黏土、壤黏土	50~300	0.2~0.6	3
极敏感	>600	砂粉土、粉土	>300	≤0.2	5

将极敏感区域划为水土流失敏感区/脆弱区生态保护红线。

5.2.2 土地沙化敏感性评估与红线划定方法

依据《生态保护红线划定指南》，结合研究区的实际情况，选取干燥指数、起沙风天数、土壤质地、植被覆盖度等评价指标，并根据研究区的实际对分级评价标准作相应的调整。

根据各指标敏感性分级标准及赋值(表5-4)，利用地理信息系统的空间分析功能，将各单因子敏感性影响分布图进行乘积运算，得到评价区的土地沙化敏感性等级分布图，公式如下：

$$D_i = \sqrt[4]{I_i \times W_i \times K_i \times C_i} \tag{5-33}$$

式中：D_i——i 评价区域土地沙化敏感性指数；

I_i——i 评价区域干燥指数；

W_i——i 评价区域起沙风天数；

K_i——i 评价区域土壤质地；

C_i——i 评价区域植被覆盖的敏感性等级值。

表5-4　土地沙化敏感性评价指标及分级

指标	干燥度指数	≥6m/s 起沙风天数(d)	土壤质地	植被覆盖度	分级赋值(S)
一般敏感	≤1.5	≤10	基岩、黏质	≥0.6	1
敏感	1.5~16.0	10~30	砾质、壤质	0.2~0.6	3
极敏感	≥16.0	≥30	沙质	≤0.2	5

将极敏感区域和高度敏感区域划为土地沙化生态敏感区保护红线。

I_i干燥指数：表征一个地区干湿程度，反映了某地、某时水分的收入和支出状况，公式如下：

$$I_i = 0.16 \sum 10℃ / r \tag{5-34}$$

式中：$\sum 10℃$——日温≥10℃持续期间活动积温总和；

r——同期降水量(mm)。

W_i起沙风天数：风力强度是影响风对土壤颗粒搬运的重要因素。已有研究资料表明，砂质壤土、壤质砂土和固定风砂土的起动风速分别为6.0 m/s、6.6 m/s 和5.1 m/s，选用冬春季节大于6 m/s 起沙风天数这个指标来评价土地沙化敏感性。根据研究区各气象站点的气象数据，在地理信息系统中利用插值生成土地沙化对起沙风天数敏感性的单因素评价图。

K_i土壤质地：不同粒度的土壤颗粒具有不同的抗蚀力，黏质土壤易形成团粒结构，抗蚀力增强；在粒径相同的条件下，沙质土壤的起沙速率大于壤质土壤的起沙速率；砾质结构的土壤和戈壁土壤的风蚀速率小于沙地土壤；基岩质土壤供沙率极低，受风蚀的影响不大。以土壤质地图为底图，在地理信息系统中得出土壤质地对土地沙化敏感性的单因素评价图。

C_i植被覆盖度：地表植被覆盖是影响沙化敏感性的一个重要因素，在水域、冰雪和植被覆盖高的地区，不会发生土壤的沙化；相反，地表裸露、植被稀少都会使土壤沙化的机会增加。因此，植被覆盖是评价土地沙化敏感性的又一重要指标。

$$C_i = (NDVI - NDVI_{soil}) / (NDVI_{veg} - NDVI_{soil}) \tag{5-35}$$

式中：$NDVI_{veg}$——完全植被覆盖地表所贡献的信息；

$NDVI_{soil}$——无植被覆盖地表所贡献的信息。

运用地理信息系统软件进行图像处理，获取植被 NDVI 影像图，进而计算植被覆盖度。由于大部分植被覆盖类型是不同植被类型的混合体，所以不能采用固定的 $NDVI_{soil}$ 和 $NDVI_{veg}$ 值，通常根据 NDVI 的频率统计表，计算 NDVI 的频率累积值，累积频率为 2% 的 NDVI 值为 $NDVI_{soil}$，累积频率为 98% 的 NDVI 值为 $NDVI_{veg}$。

将极敏感区域划为土地沙化敏感区/脆弱区生态保护红线。

5.2.3 评估分级

利用 ArcGIS 的重分类模块，结合专家知识，将生态环境敏感性评估结果分为 3 级，即一般敏感、敏感和极敏感，具体分级赋值及标准见表 5-5。

表 5-5 生态环境敏感性评估分级

敏感性等级	一般敏感	敏感	极敏感
分级赋值	1	3	5
分级标准	1.0~2.0	2.1~4.0	>4.0

5.3 禁止开发区红线划定方法

5.3.1 自然保护区

（1）划定对象。辽宁省国家级自然保护区、省级自然保护区。

（2）划定标准与方法。根据《中华人民共和国自然保护区条例》，自然保护区分为核心区、缓冲区和实验区。依据技术指南要求，将国家级、省级自然保护区全部纳入生态保护红线。根据自然资源部的要求，去除核心区外的基本农田；按照与城镇空间不交叉重叠原则，城镇空间内自然保护区可不纳入生态保护红线。

5.3.2 风景名胜区

（1）划定对象。辽宁省国家级风景名胜区、省级风景名胜区。

（2）划定标准与方法。根据《国家重点风景名胜区总体规划编制报批管理规定》和《辽宁省风景名胜保护管理暂行条例》中相关规定，国家级风景名胜区分为生态保护区、自然景观保护区、史迹保护区、风景恢复区、风景游览区和发展控制区。

依据技术指南要求，将国家级、省级风景名胜区中的生态保护区、自然景观保护区、史迹保护区、风景恢复区划入生态保护红线。根据自然资源部的要求，去除区域内基本农田；按照与城镇空间不交叉重叠原则，城镇空间内风景名胜区可不纳入生态保护红线。

5.3.3 湿地公园

(1) 划定对象。辽宁省国家级湿地公园及省级湿地公园。

(2) 划定标准与方法。根据《国家湿地公园管理办法(试行)》和《辽宁省省级湿地公园管理办法(试行)》中相关规定，湿地公园分为湿地保育区、恢复重建区、宣教展示区、合理利用区和管理服务区等，实行分区管理。

依据技术指南要求，将国家级、省级湿地公园中的湿地保育区和恢复重建区划入生态保护红线。根据自然资源部的要求，去除区域内基本农田；按照与城镇空间不交叉重叠原则，城镇空间内湿地公园可不纳入生态保护红线。

5.3.4 森林公园

(1) 划定对象。辽宁省国家级森林公园、省级森林公园。

(2) 划定标准与方法。根据《国家级森林公园总体规划规范》中相关规定，森林公园功能分区类型包括核心景观区、生态保育区、一般休憩区、管理服务区等。

依据技术指南要求，将国家级、省级森林公园核心景观区、生态保育区纳入生态保护红线。根据自然资源部的要求，去除区域内基本农田；按照与城镇空间不交叉重叠原则，城镇空间内森林公园可不纳入生态保护红线。

5.3.5 地质公园

(1) 划定对象。辽宁省世界级地质公园、国家级地质公园、省级地质公园。

(2) 划定标准与方法。依据《生态保护红线划定指南》要求，地质公园中的地质遗迹保护区纳入生态保护红线。根据自然资源部的要求，去除区域内基本农田；按照与城镇空间不交叉重叠原则，城镇空间内地质公园可不纳入生态保护红线。

5.3.6 重要水源保护地

(1) 划定对象。辽宁省重要饮用水水源地。

(2) 划定标准与方法。根据《中华人民共和国水污染防治法》中相关规定，国家建立饮用水水源保护区制度，饮用水水源保护区分为一级保护区和二级保护区；必要时，可以在饮用水水源保护区外围划定一定的区域作为准保护区。

依据技术指南要求，重要饮用水水源的一级保护区纳入生态保护红线。根据自然资源部的要求，去除区域内基本农田；按照与城镇空间不交叉重叠原则，城镇空间内重要饮用水水源地可不纳入生态保护红线。

5.3.7　水产种质资源保护区

（1）划定对象。辽宁省内国家级、省级水产种质资源保护区。

（2）划定标准与方法。根据《水产种质资源保护区管理暂行办法》中相关规定，水产种质资源保护区分为核心区和实验区。依据技术指南要求，将水产种质资源保护区核心区纳入生态保护红线。根据自然资源部的要求，去除区域内基本农田；按照与城镇空间不交叉重叠原则，城镇空间内水产种质资源保护区可不纳入生态保护红线。

5.3.8　重要湿地

（1）划定对象。辽宁省重要湿地。

（2）划定标准与方法。将省重要湿地中湿地面积全部纳入生态保护红线。根据自然资源部的要求，去除区域内基本农田；按照与城镇空间不交叉重叠原则，城镇空间内重要湿地可不纳入生态保护红线。

5.3.9　辽河、凌河保护区

（1）划定对象。根据辽宁省的特点，增加了辽河保护区和凌河保护区。

（2）划定标准与方法。依据保护区矢量边界，将辽河、凌河全部纳入生态保护红线。根据自然资源部的要求，去除区域基本农田；按照与城镇空间不交叉重叠原则，城镇空间内可不纳入生态保护红线。

5.3.10　一级国家级公益林

（1）划定对象。一级国家级公益林。

（2）划定标准与方法。依据省林业部门提供的一级国家级公益林矢量数据，全部纳入生态保护红线。根据自然资源部的要求，去除区域内基本农田；按照与城镇空间不交叉重叠原则，城镇空间内一级国家级公益林可不纳入生态保护红线。

6 生态保护红线评估过程与结果

6.1 生态系统服务功能重要性评估与结果

根据《生态保护红线划定指南》，开展生态功能重要性评估和敏感性评估，将水源涵养、生物多样性维护、水土保持、防风固沙等生态功能极重要区域以及水土流失、土地沙化极敏感区域，纳入生态保护红线。

6.1.1 水源涵养功能重要性评估与结果

依据最新生态保护红线技术指南要求，水源涵养评估采用水源涵养量计算方法进行。涉及的主要数据见表 6-1。

表 6-1 水源涵养评估数据

名称	类型	用途	数据来源
生态系统类型数据集	矢量	生态系统面积因子和地表径流量	全国生态状况遥感调查与评估成果
气象数据集	.txt	计算多年平均降水量和径流量	辽宁省气象局提供的 61 个国家地面气象观测站 1981—2010 年气温、降水量、风速、蒸发量，并根据高程等数据进行内插获取

计算获得参数如图 6-1 至图 6-4 所示。

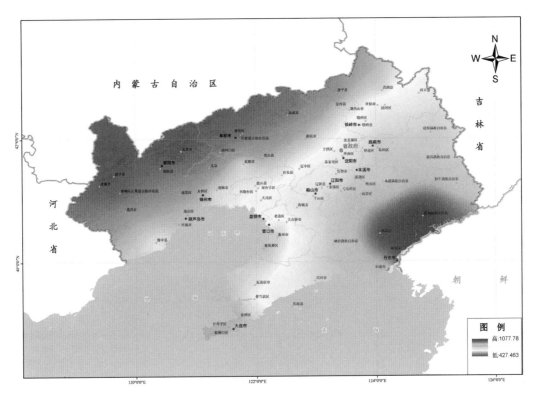

图6-1 辽宁省降水量因子

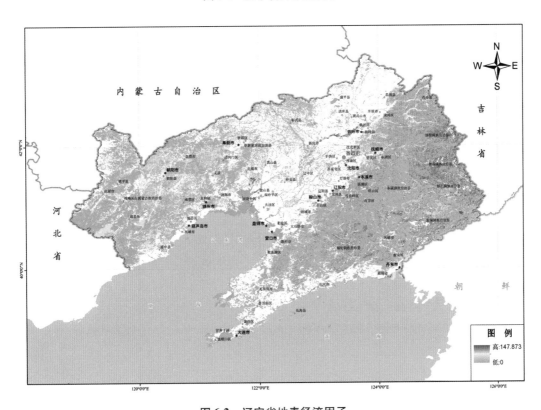

图6-2 辽宁省地表径流因子

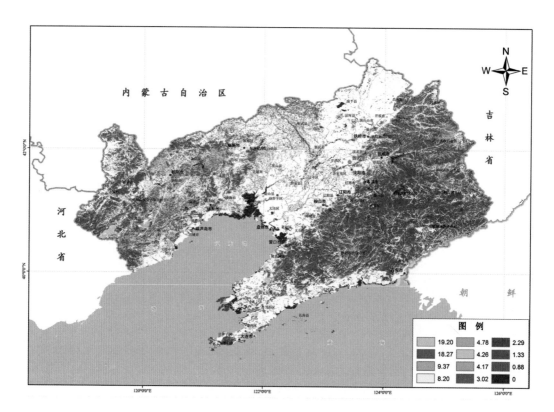

图6-3　辽宁省生态系统平均地表径流系数

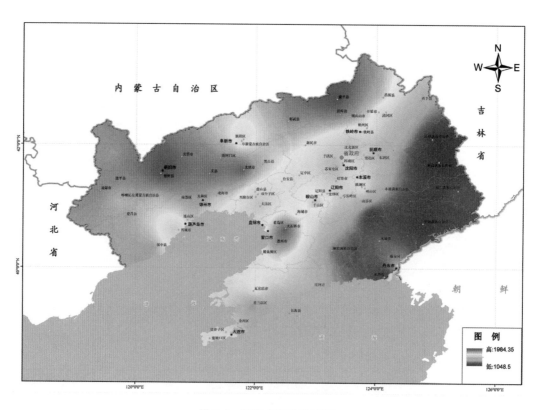

图6-4　辽宁省蒸散发因子

将计算所得相关参数代入水源涵养量模型中，计算所得水源涵养量如图6-5所示。

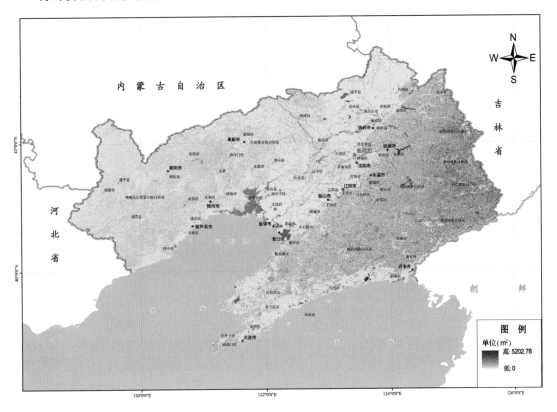

图6-5 辽宁省水源涵养量计算结果

对上述水源涵养计算结果进行归一化，并进行空间分级，结果表明：水源涵养功能极重要区面积为 24385.12 km²，占国土面积的 16.40%；重要区面积为 19779.32 km²，占国土面积的 13.31%；一般重要区面积为 104475.56 km²，占国土面积的 70.29%。如表6-2、图6-6所示。

表6-2 水源涵养功能重要性评价结果

水源涵养功能重要性	面积（km²）	占全省面积比例（%）
极重要	24385.12	16.40
重要	19779.32	13.31
一般重要	104475.56	70.29

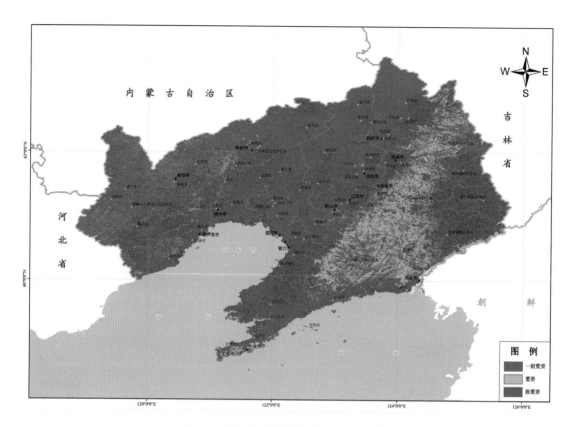

图 6-6　辽宁省水源涵养功能重要性评估

6.1.2　水土保持功能重要性评估与结果

依据技术指南要求，水土保持功能评估采用修正通用水土流失方程（USLE）的水土保持功能计算方法进行。涉及的主要数据如表 6-3。

表 6-3　水土保持评估数据

名称	类型	用途	数据来源
高程数据集	栅格	计算地形因子 LS	STRM 90m 分辨率数据
气象数据集	.txt	用于计算降雨侵蚀量因子	辽宁省气象局提供的 61 个国家地面气象观测站 1981—2010 年气温、降水量、风速、蒸发量
土壤数据集	矢量/Excel	土壤可蚀性因子	全国生态环境调查数据库 中国 1:100 万土壤数据库
生态系统类型数据集	矢量	计算植被覆盖因子	全国生态状况遥感调查与评估成果
NDVI 数据集	栅格	计算植被覆盖因子	全国生态状况遥感调查与评估成果

根据数据收集结果，对相关参数进行计算整理，得到参数计算结果如图 6-7 至图 6-10 所示。

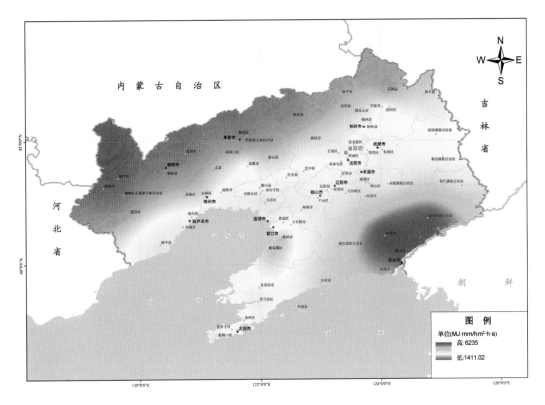

图6-7　辽宁省土壤可蚀性因子

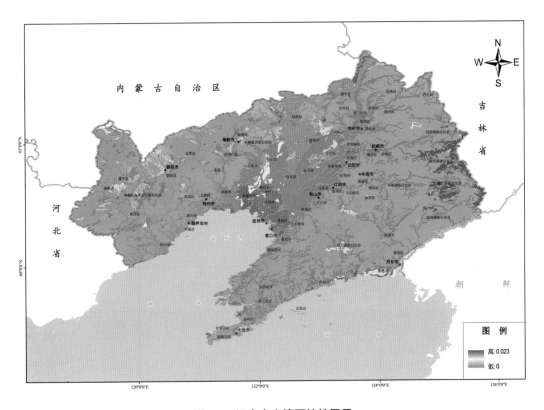

图6-8　辽宁省土壤可蚀性因子

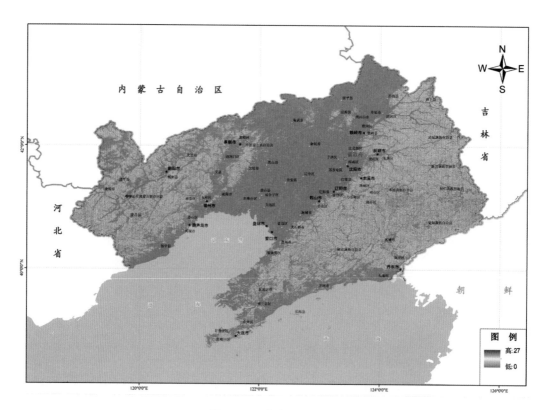

图6-9　辽宁省地形因子

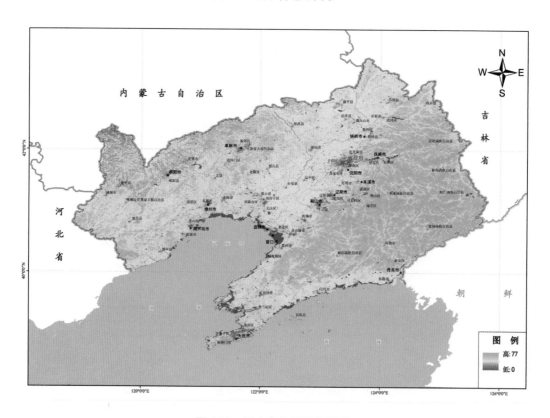

图6-10　辽宁省植被覆盖因子

将计算所得相关参数代入修正通用水土流失方程中，计算得到水土保持量如图6-11。

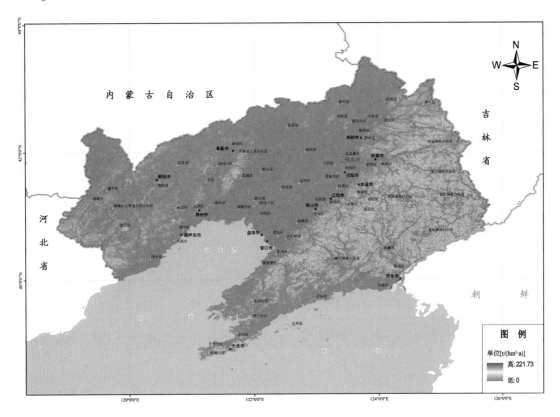

图6-11 辽宁省水土保持量计算结果

对上述水土保持计算结果进行归一化，并进行空间分级，结果表明：水土保持功能极重要区面积为11902.44 km²，占国土面积的8.01%；重要区面积为15737.25 km²，占国土面积的10.59%；一般重要区面积为121000.31 km²，占国土面积的81.40%。如表6-4、图6-12所示。

表6-4 水土保持功能重要性评价结果

水土保持功能重要性	面积（km²）	占全省面积比例（%）
极重要	11902.44	8.01
重要	15737.25	10.59
一般重要	121000.31	81.40

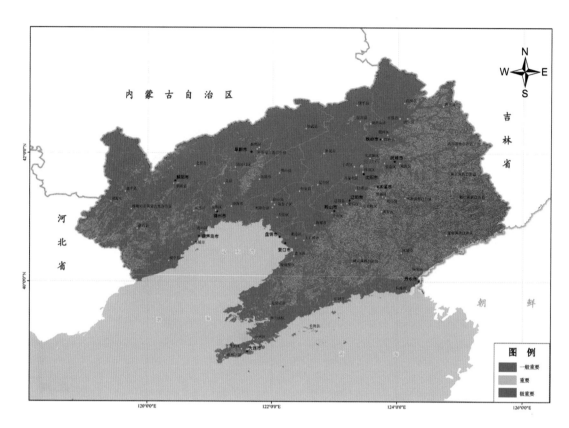

图 6-12　辽宁省水土保持功能重要性评估

6.1.3　防风固沙功能重要性评估与结果

防风固沙功能红线提取和计算主要依据技术指南的修正风蚀方程计算防风固沙量。所涉及的主要数据如表 6-5。

表 6-5　防风固沙评估数据

名称	类型	用途	数据来源
高程数据集	栅格	计算地表糙度	STRM 90m 分辨率数据
气象数据集	.txt	湿度因子、风力	辽宁省气象局提供的 61 个国家地面气象观测站 1981—2010 年气温、降水量、风速、蒸发量
土壤数据集	矢量/Excel	土壤结皮、可蚀因子计算	全国生态环境调查数据库 中国 1:100 万土壤数据库
中国地区 Modis 雪盖产品数据集	栅格	计算雪盖	寒区旱区科学数据中心
生态系统类型数据集	矢量	计算植被覆盖	全国生态状况遥感调查与评估成果
NDVI 数据集	栅格	计算植被覆盖	全国生态状况遥感调查与评估成果

依据划定指南，对数据处理与分析得到如下参数，如图 6-13 至图 6-17。

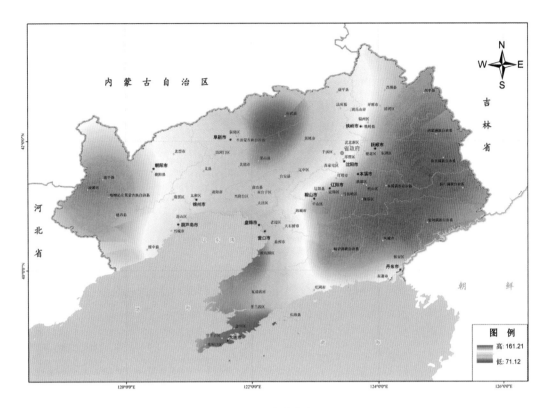

图 6-13　辽宁省气候因子

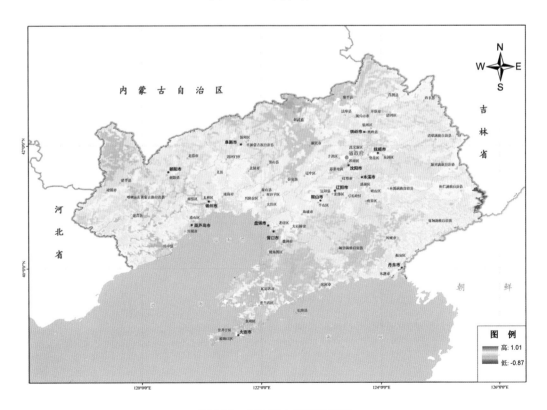

图 6-14　辽宁省土壤可蚀因子

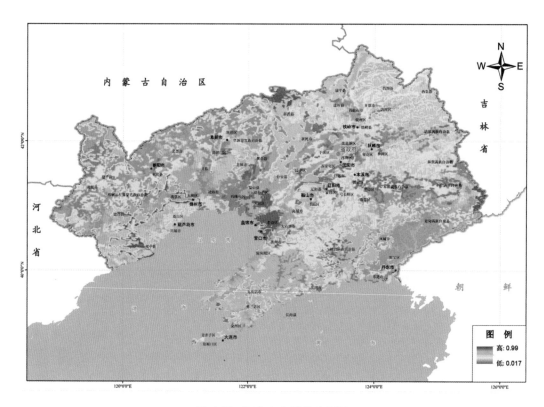

图6-15 辽宁省土壤结皮因子

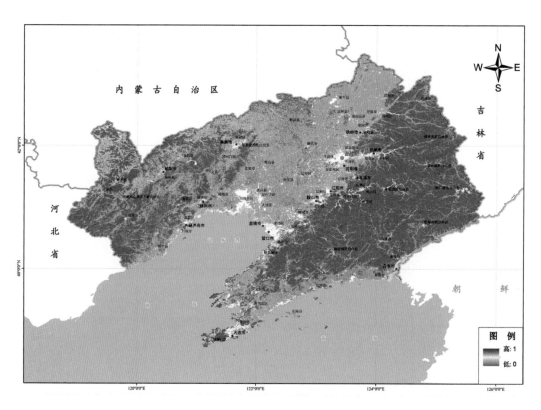

图6-16 辽宁省植被覆盖因子

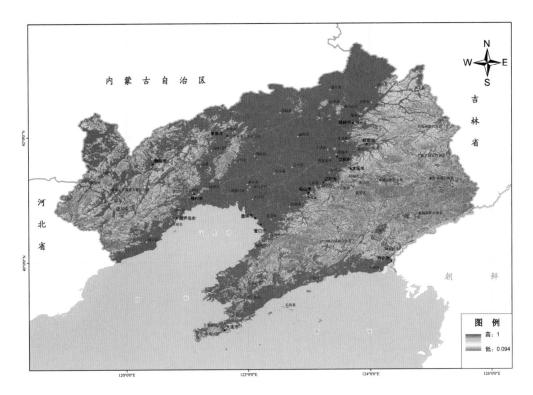

图 6-17　辽宁省地表糙度因子

将所计算参数代入修正风蚀方程中，计算得到辽宁省防风固沙量结果如图 6-18 所示。

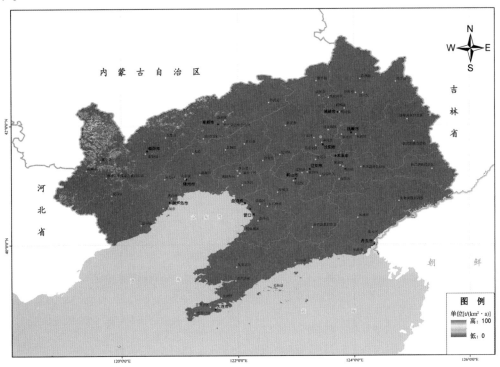

图 6-18　辽宁省防风固沙量计算结果

43

将防风固沙量计算结果进行归一化，并进行评估分级，结果表明：防风固沙功能极重要区面积为 369.98 km²，占国土面积的 0.25%；重要区面积为 791.49 km²，占国土面积的 0.53%；一般重要区面积为 147478.53 km²，占国土面积的 99.22%。如表 6-6、图 6-19 所示。

表 6-6 防风固沙功能重要性评价结果

防风固沙功能重要性	面积（km²）	占全省面积比例（%）
极重要	369.98	0.25
重要	791.49	0.53
一般重要	147478.53	99.22

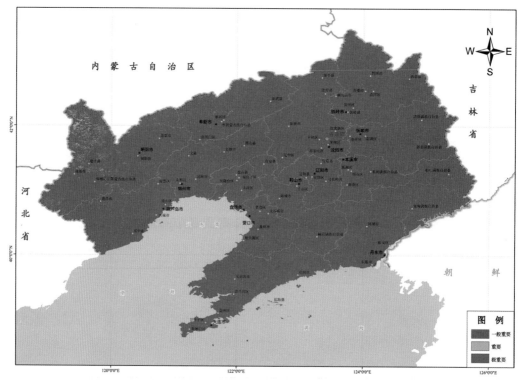

图 6-19 辽宁省防风固沙功能重要性评估

6.1.4 生物多样性维护功能重要性评估与结果

辽宁省生物多样性保护功能采用净初级生产力计算方法，所需数据见表 6-7。

表 6-7 生物多样性评估数据

名称	类型	用途	数据来源
NPP 数据集	栅格	代表生境条件植被状况	全国生态状况遥感调查与评估成果
气象数据集	.txt	降雨因子和气温因子	辽宁省气象局提供的 61 个国家地面气象观测站 1981—2010 年气温、降水量、风速、蒸发量
高程数据集	栅格	地形因子	STRM 90m 分辨率

参数计算结果如图 6-20 至图 6-22 所示。

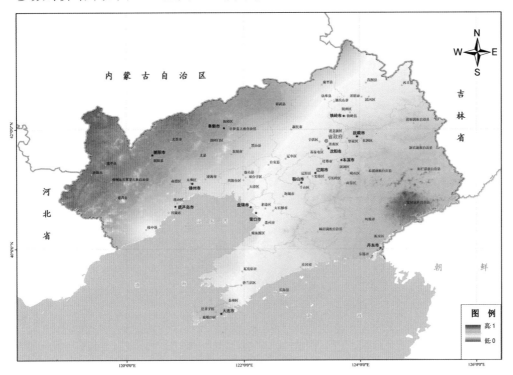

图 6-20　辽宁省多年平均降水量因子

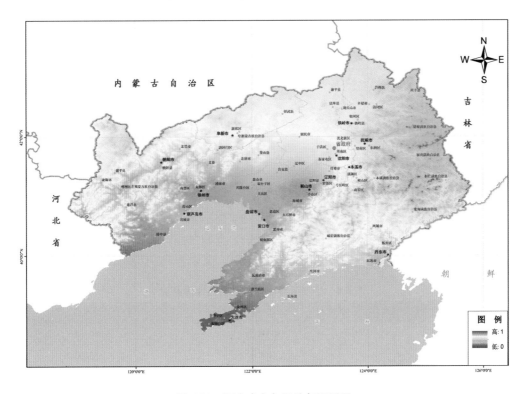

图 6-21　辽宁省多年平均气温因子

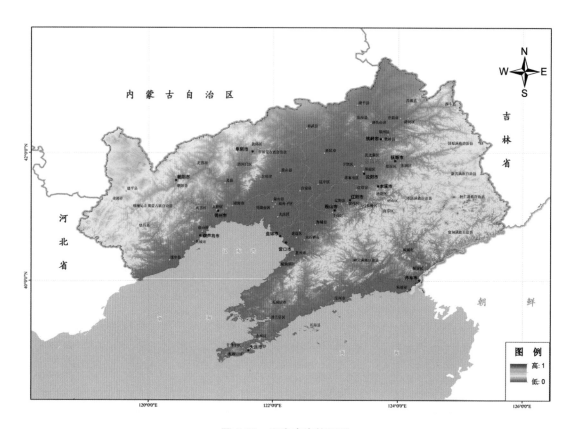

图 6-22   辽宁省海拔因子

根据参数计算,进行评估分级,结果显示:降水较多、海拔较低的农田被纳入生物多样性极重要区,而辽东山地植被较好的区域由于海拔较高而未被评估纳入生物多样性极重要区,且辽河三角洲生物多样性区域也未得以体现,故采用 NPP 方法评估的结果与现实情况不符。

为了修正此次评估结果,本次生物多样性维护功能在全省尺度采用了辽宁省生态环境 10 年变化评估中的基于生境多样性法,该方法主要以国家一、二级保护物种并结合全国生物物种联合执法检查和调查项目——辽宁省生物多样性调查数据共同确定;同时,在辽河三角洲生物多样性国家重要生态功能区,采用物种分布模型进行计算。结果显示:生物多样性维护功能极重要区面积为 14962.39 km²,占国土面积的 10.07%;重要区面积为 49092.41 km²,占国土面积的 33.03%;一般重要区面积为 84585.20 km²,占国土面积的 56.90%,见表 6-8、图 6-23 至图 6-24。

表 6-8   生物多样性功能重要性评价结果

生物多样性功能重要性	面积(km²)	占全省面积比例(%)
极重要	14962.39	10.07
重要	49092.41	33.03
一般重要	84585.20	56.90

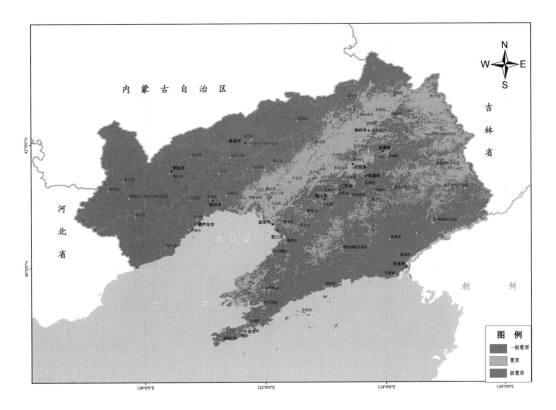

图6-23 辽宁省 NPP 法生物多样性维护计算结果

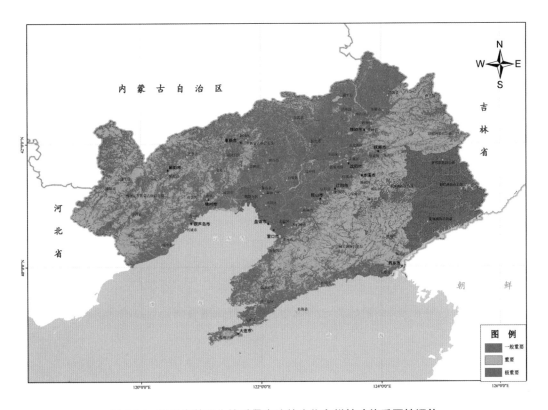

图6-24 辽宁省基于生境质量方法的生物多样性功能重要性评估

6.1.5 生态服务功能重要性综合评估结果

从上述评估结果中提取出水源涵养功能、水土保持功能、防风固沙功能和生物多样性维护功能极重要区，将栅格数据转化为矢量数据，进行空间叠加，去除细小破碎图斑后，形成辽宁省生态服务功能极重要区分布结果，如表 6-9 和图 6-25 所示。生态功能极重要区面积 34585.73 km²，占国土面积的 23.27%。

表6-9 生态服务功能极重要区空间叠加

服务功能类型	面积(km²)	占全省面积比例(%)
水源涵养极重要区	24385.12	16.41
水土保持极重要区	11902.44	8.01
防风固沙极重要区	369.98	0.25
生物多样性极重要区	14962.39	10.07
辽宁省生态功能极重要区(去重叠)	34585.73	23.27

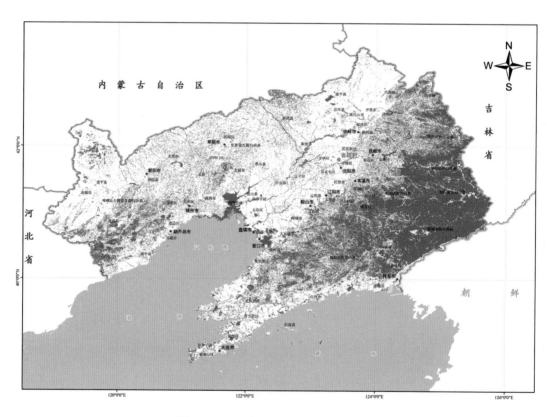

图6-25 辽宁省生态功能评估结果叠加

6.2 生态环境敏感性评估与结果

6.2.1 水土流失敏感性评估与结果

辽宁省水土流失生态保护红线区斑块散布于东西山地丘陵区，面积为 5216.56 km²，占全省国土面积的 3.51%。具体参数和计算过程如图 6-26 至图 6-30。

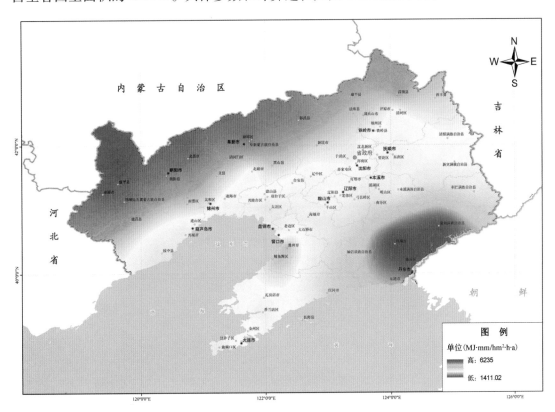

图 6-26 辽宁省降雨侵蚀力因子

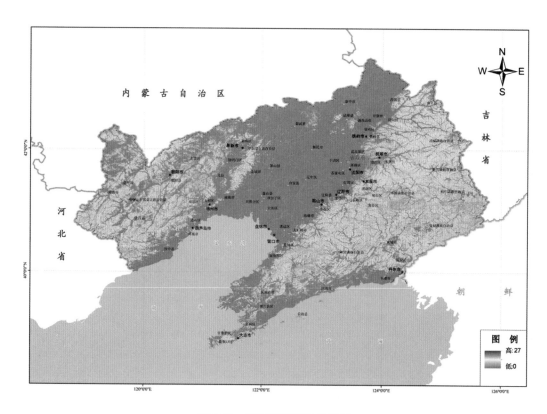

图6-27　辽宁省坡度坡长因子

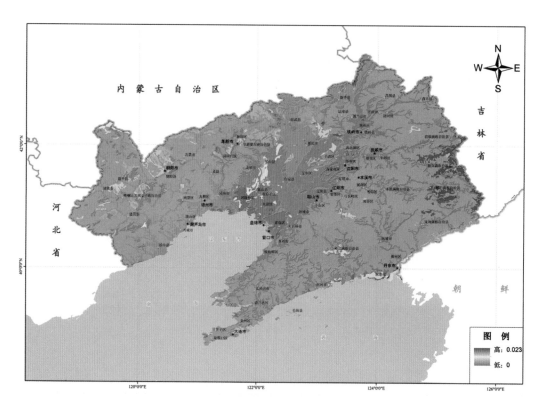

图6-28　辽宁省土壤可蚀性因子

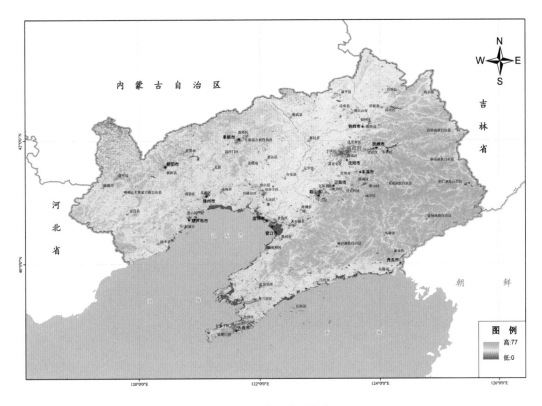

图 6-29　辽宁省植被覆盖度因子

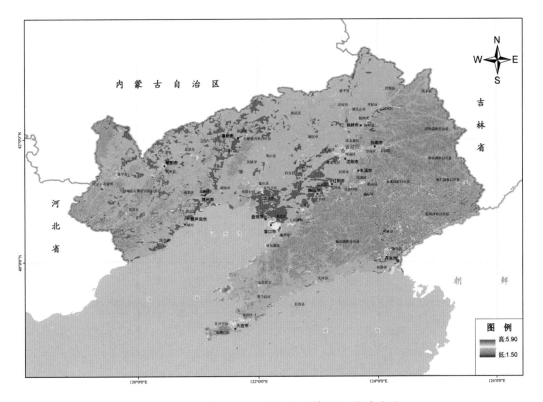

图 6-30　辽宁省水土流失敏感性计算结果(指南方法)

根据指南要求，对所涉参数进行计算评估，得到图6-31。从图中可以看出，盘锦营口区域被纳入了水土流失极敏感区域，与实际情况不符。这是由于辽宁省地形起伏度高差较低（*LS*值0～27），在因子分级中被划分为一般敏感级别，无法体现地形因子对水土流失的贡献，故土壤可蚀因子在计算过程中被放大出来，未反映出辽宁省实际状况。

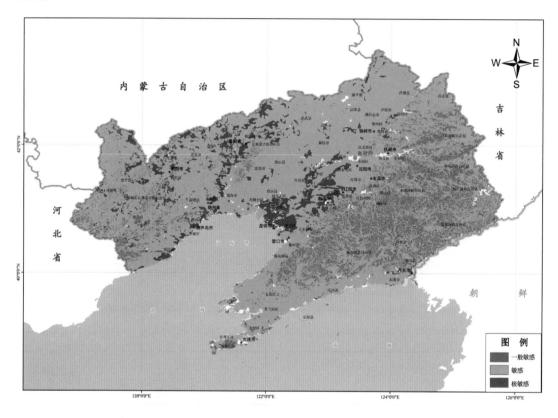

图6-31　辽宁省水土流失敏感性评估分级图（指南方法）

为了修正此次评估结果，研究对地形因子进行了重新分级，并剔除了土壤质地因子，得到了与实际基本相符的结果。经过对模型因子的修正和计算，得到图6-32和图6-33。

根据分级结果，水土流失极敏感区面积为5216.56 km²，占国土面积的3.51%；敏感区面积为24168.13 km²，占国土面积的16.26%；一般敏感区面积为119254.88 km²，占国土面积的80.23%。如表6-10、图6-32至图6-33所示。

表6-10　水土流失敏感性评价结果

水土流失敏感性	面积（km²）	占全省面积比例（%）
极敏感	5216.56	3.51
敏感	24168.13	16.26
一般敏感	119254.88	80.23

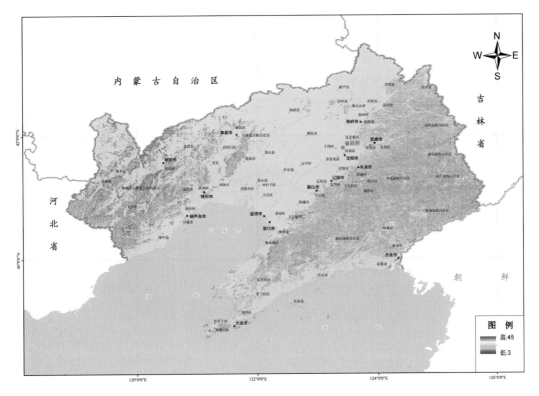

图6-32　辽宁省水土流失敏感性计算结果

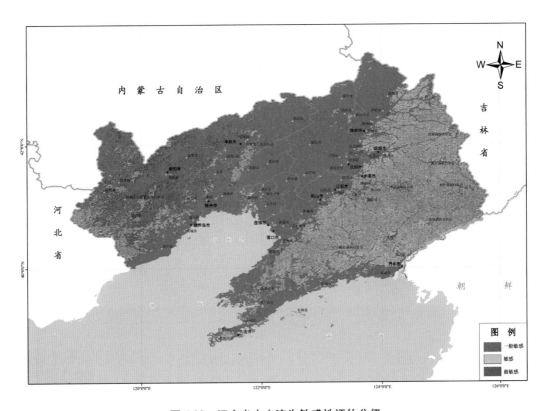

图6-33　辽宁省水土流失敏感性评估分级

6.2.2 土地沙化评估方法与结果

在土地沙化敏感性评价结果中，辽宁省土地沙化敏感性生态保护红线面积为2621.44 km²，占国土面积的1.76%。具体参数计算如图6-34至图6-37所示。

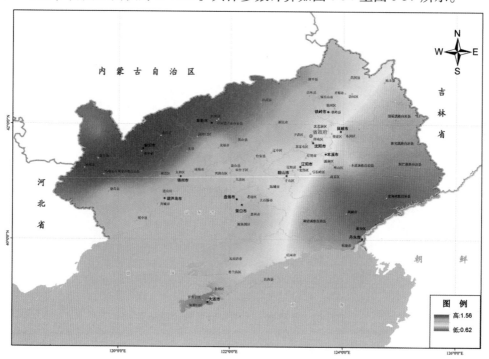

图6-34 辽宁省干燥度指数因子

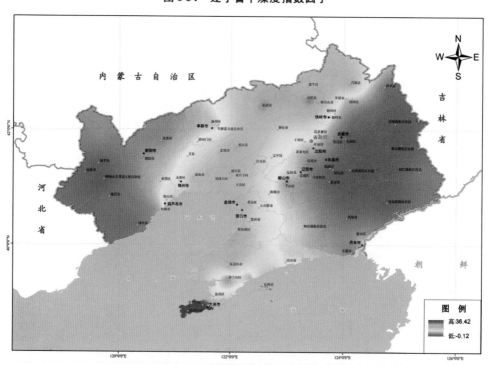

图6-35 辽宁省起风沙天数因子

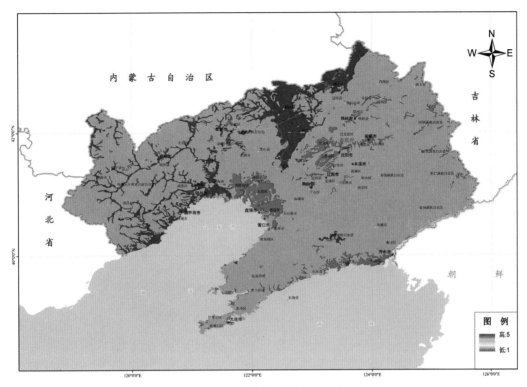

图 6-36　辽宁省土壤质地因子

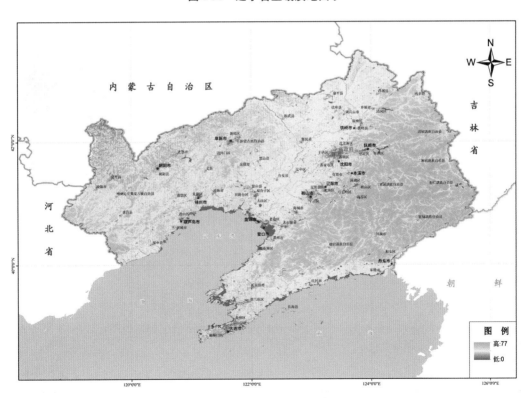

图 6-37　辽宁省植被覆盖度因子

根据分级结果，辽宁省土地沙化极敏感区面积 2621.44 km²，占国土面积的 1.76%；敏感区面积 54151.75 km²，占国土面积的 36.43%；一般敏感区面积 91866.38 km²，占国土面积的 61.81%，如图 6-38 至图 6-39、表 6-11 所示。

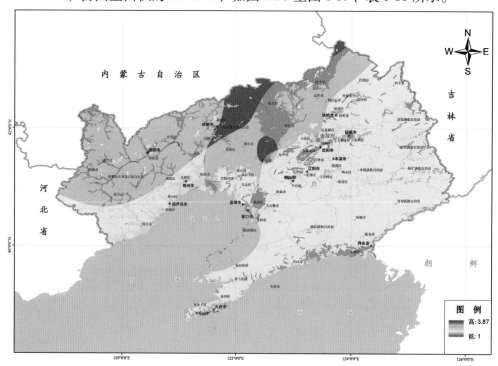

图 6-38　辽宁省土地沙化敏感性值计算结果

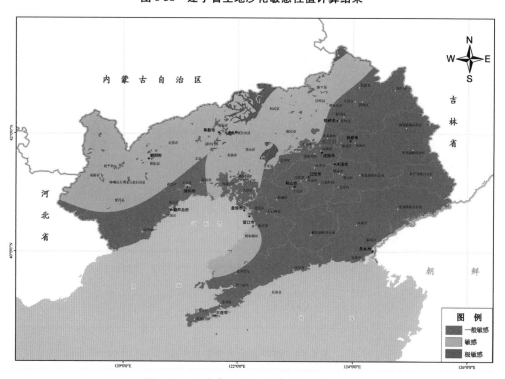

图 6-39　辽宁省土地沙化敏感性评估分级

表 6-11　土地沙化敏感性评价结果

土地沙化敏感性	面积（km²）	占全省面积比例（%）
极敏感	2621.44	1.76
敏感	54151.75	36.43
一般敏感	91866.38	61.81

6.2.3　生态环境敏感性综合评估结果

选取评估结果中水土流失极敏感区和土地沙化极敏感区，把栅格数据转化为矢量数据进行空间叠加，扣除细小破碎图斑后，形成辽宁省生态极敏感区分布结果，如图 6-40 和表 6-12 所示。生态极敏感区面积为 7804.88 km²，占国土面积的 5.25%。

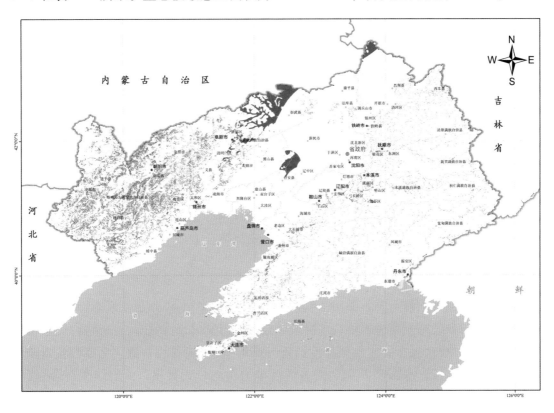

图 6-40　辽宁省生态环境敏感性红线评估结果叠加

表 6-12　生态环境极敏感区空间叠加

项目	面积（km²）	占全省面积比例（%）
水土流失极敏感区	5216.56	3.51
土地沙化极敏感区	2621.44	1.76
叠加（去重合）	7804.88	5.25

6.3 科学评估结果

6.3.1 评估校核分析

6.3.1.1 水源涵养功能

水源涵养极重要区面积占国土面积16.41%，水源涵养极重要区域主要分布在辽东山地和辽西低山丘陵区域，辽东山地地区包括浑河、太子河等河流源区以及大伙房水库和桓仁水库汇水区。辽西低山丘陵地区包括了朝阳、葫芦岛、锦州等地区的低山丘陵，这一结果与《全国生态功能区划（修编版2015）》中的长白山区水源涵养与生物多样性保护重要区、辽河源水源涵养重要区定位相一致，与《辽宁省生态功能区划》中的辽宁东部山地的清原—新宾浑河源头水源涵养与生物多样性保护生态功能区、桓仁—宽甸浑江水源涵养与生物多样性保护生态功能区空间上高度相符，是《辽宁省省生态功能区划》在地块上的具体体现。

6.3.1.2 水土保持功能

水土保持极重要区面积占国土面积8.01%，主要分布在辽宁西部丘陵地区和主河道面山地带和辽宁东部山地区域，与《辽宁省生态功能区划》抚顺（县）大伙房水库水文调蓄、土壤保持与营养物质保持生态功能区、辽东半岛水土保持生态功能区、北票白石水库地区土壤保持生态功能区、朝阳—喀左阎王鼻子水库地区土壤保持生态功能区基本相符。

6.3.1.3 生物多样性维护功能

生物多样性维护极重要区面积占国土面积10.07%，主要分布在辽东桓仁、本溪、新宾和宽甸四个县区及周边区域，该区域为辽宁省生态本底最好，动植物种类丰富度较高的区域，这与《辽宁省生物多样性调查与评价》研究成果相一致。上述四县也是全国重点生态功能区，水源涵养和生物多样性维护功能较为突出，评价结果符合《辽宁省主体功能区规划》定位。此外，位于盘锦及周边的辽河三角洲区域也被评估纳入到生物多样性维护极重要区，这符合《全国生态功能区划（修编版2015）》中的辽河三角洲湿地生物多样性保护重要区定位。

6.3.1.4 防风固沙功能

防风固沙功能极重要区面积占国土面积0.25%，主要分布在朝阳建平县老哈河流域及北票北部地区，与《辽宁省生态功能区划》老哈河沙化控制生态功能区和努鲁尔虎山沙化屏障生态功能区位置较一致，符合《辽宁省生态功能区划》在该区的定位，评估结果较为合理。

6.3.1.5 水土流失敏感性

此次水土流失极敏感区面积比例为3.51%，主要分布在辽西朝阳、葫芦岛、锦州及阜新南侧的山地丘陵地带以及辽宁东部山地地区，从分布格局上看，基本符合辽宁省水土流失防治区中的辽东山地丘陵水土流失重点预防区、辽中南低山丘陵水土流失重点治理区、辽西低山丘陵水土流失重点治理区和辽北漫川漫岗水土流失重点治理区的定位，评估结果较为合理。

6.3.1.6 土地沙化敏感性

本次土地沙化极敏感区面积比例为1.76%，基本分布在昌图县、康平县、彰武县、阜蒙县北侧地区，分布格局与《辽宁省生态功能区划》科尔沁沙地南缘土地沙化控制区和努鲁尔虎山沙化屏障生态功能区的空间格局也较为一致，但由于该区域已经被农业部设置为辽宁省粮食主产区，同时又是基本农田，因此该区域的面积明显小于辽宁省生态功能区划的土地沙化敏感区。

6.3.2 评估结果叠加

将全省生态系统服务功能重要性和生态环境敏感性评价结果进行空间叠加，辽宁省生态系统服务功能极重要区和生态环境极敏感区总面积分别为34585.73 km² 和7804.88 km²，叠加（去重合）总面积分别为41206.12 km²，占全省国土面积的27.72%，如图6-41和表6-13所示。图6-41为辽宁省生态保护红线综合评估结果的范围。

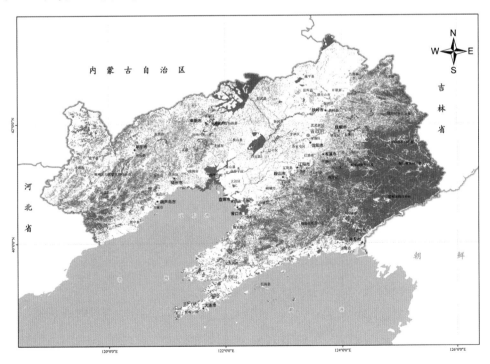

图6-41 辽宁省生态评估综合叠加

表 6-13 生态保护重要性评估叠加结果

项目	面积(km²)	占全省面积比例(%)
辽宁省生态功能极重要区	34585.73	23.27
辽宁省生态环境极敏感区	7804.88	5.25
叠加(去重合)	41206.12	27.72

6.3.3 形成理论方案

在生态保护重要性评估的基础上,结合已经明确的禁止开发区和各类保护地,面积为 16062.33 km²,叠加(去重合后)得到辽宁省生态保护红线理论方案,红线理论方案的面积为 45290.48 km²,占全省国土面积的 30.47%。为禁止开发区校验和红线落图与协调对接落地奠定基础(图 6-42、表 6-14)。

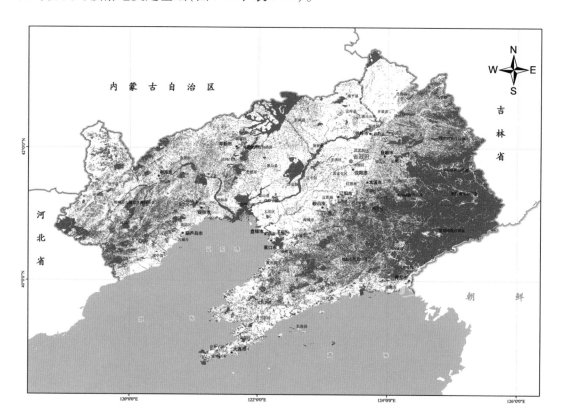

图 6-42 辽宁省生态保护红线理论评估

表 6-14 生态保护重要性评估叠加结果

项目	面积(km²)	占全省面积比例(%)
辽宁省生态功能极重要区	34585.73	23.27
辽宁省生态环境极敏感区	7804.88	5.25
禁止开发区和各类保护地	16062.33	10.81
叠加(去重合)	41206.12	30.47

6.4 校验划定范围

按照指南要求，辽宁省省级以上禁止开发区和各类保护地共10类，包含281处各类保护地和12个市的一级国家级公益林。其中，国家级自然保护区19处，省级自然保护区28处；国家级风景名胜区9处，省级风景名胜区14处；国家级湿地公园17处，省级湿地公园22处；国家级森林公园31处，省级森林公园41处；国家级地质公园5处；重要饮用水水源地56处；国家级水产种质资源保护区5处，省级水产种质资源保护区1处；省级重要湿地31处；其他保护地包括：辽河、凌河保护区2处、一级国家级公益林12市，如图6-43所示。

根据相关名录及批复面积，辽宁省对所有禁止开发区和保护地进行了边界校验，共纳入红线269处各类保护地和11个市的一级国家级公益林，总面积13549.10 km²，去除重叠后纳入面积为10207.10 km²，见表6-15。

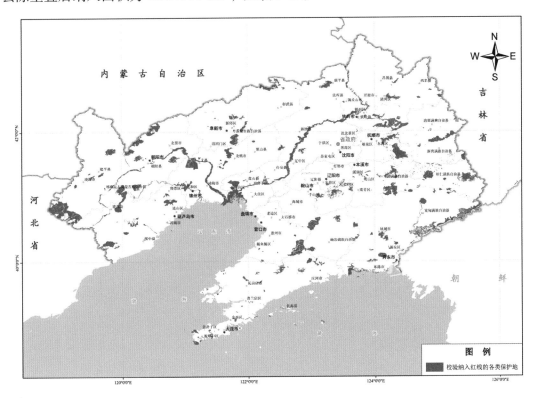

图6-43 校验纳入生态保护红线的各类保护地分布

表6-15 辽宁省禁止开发区统计

序号	类别	总数(处)	纳入红线数(处)	纳入陆域生态保护红线面积(km²)
1	自然保护区	47	47	5619.24
2	风景名胜区	23	21	701.19

（续）

序号	类别	总数（处）	纳入红线数（处）	纳入陆域生态保护红线面积（km²）
3	湿地公园	39	36	188.57
4	森林公园	72	70	1158.07
5	地质公园	5	5	129.19
6	重要饮用水源地	56	54	933.70
7	水产种质资源保护区	6	6	2.19
8	重要湿地	31	28	869.61
9	辽河、凌河保护区	2	2	2132.24
10	一级国家级公益林	12（市）	11（市）	1815.10
	总计	—	—	13549.10
	总计（去除叠加）	—	—	10207.10

6.5 生态保护红线边界确定

将科学评估结果与地理国情普查、土地调查数据进行空间叠加，细化图斑形状，提高评估结果的空间精度，扣除评估结果内村庄、耕地、园地等人工用地，结合高清影像，优化评估结果边界，叠加禁止开发区和其他保护地图层，形成生态保护红线初步方案，具体步骤如下：

6.5.1 评估结果聚合处理

经统计，评估结果矢量图层相对破碎，分类型独立斑块较多，最小的图斑只有 0.0625 km²，图形整体性不足，部分区域呈现出多点分散的空间格局。利用 ArcGIS 软件聚合面工具（Cartography_ AggregatePolygons）将红线图层中相对聚集或邻近的图斑聚合为相对完整连片图斑。在采用不同参数进行实验后，选择聚合效果最佳的设置，聚合半径设置为 1000 m，最小多边形面积设置为 1 km²，多边形内最大孔洞面积设置为 1 km²。

6.5.2 细碎斑块处理

对经上述步骤之后仍然存在的分散的独立细碎斑块，为进一步降低图形破碎化程度，对这些独立斑块进行扣除。评估结果的数据源是空间分辨率为 250 m 的栅格图层，栅格单个像元面积为 0.0625 km²，也是评估结果中存在最小独立图斑的面积，因此以单个像元面积的倍数来确定斑块剔除的合理阈值。从 1 个像元大小开始进行剔除，随着阈值增大，图形的面积和斑块数量逐渐下降，接近 30 个像元时斑块数量下降渐趋稳定，在阈值超过 30 个像元之后斑块数量减少已经不明显，但图形面积减少较多，表明 30 个像元面积作为剔除阈值较为合理。在选取不同数值进行实验后，最终选择 30 个像元，即 1.875 km² 作为细碎斑块剔除阈值。

6.5.3　叠加土地调查数据

利用 ArcGIS 软件联合工具(Analysis_ Union)将处理后的评估结果与 2016 年土地调查数据进行叠加。由于土地调查数据按县级行政区划范围独立存储，且图斑数量极大，因此采用逐县叠加的方式进行处理，使生态保护红线空间精度实现从低到高的提升，同时也使生态保护红线具备了土地利用属性。

6.5.4　提高边界精度

通过联合工具叠加后生成新的生态保护红线图层，位于土地调查数据与评估结果边界相交处的斑块，形状和属性按照二者进行了拆分。利用数据属性表中的 FID 编号进行选择，按照属性进行查找，去掉了重叠区域外的数据，形成了边界精度与土地调查数据匹配的生态保护红线，同时根据高清影像进行核准。

6.5.5　扣除人工用地

生态保护红线内的人工用地是指与农村和农业相关的用地，所占面积应该处于较低比例，集中连片的人工用地应当扣除。辽宁的地形特点和农业发展历史形成了农田、园地等农业用地与自然生态用地相互交错的情况。为保证生态保护红线图形的连续性与整体性，避免扣除人工用地后图形斑块出现大量破碎孔洞，需选择一定阈值面积以下的人工用地斑块予以保留，既维持了斑块的完整，又满足农业用地比例处于较低水平的要求。首先利用 ArcGIS 软件的融合工具(Management_ Dissolve)，将评估结果的斑块按土地利用类型三级分类进行合并，将水田、旱地、乔木园地、灌木园地、其他园地、工业采矿用地、其他人工用地、住宅办公用地等合并为人工用地斑块；其他用地类型合并为自然生态用地斑块。乡镇等人口密集区域成片分布的人工用地斑块直接扣除，自然村等较小的人口聚居区，人工用地面积偏小且较为分散，经过统计分析与比较，选择将面积大于 1 km² 的人工用地斑块扣除。

6.5.6　协调对接与方案形成

红线初步方案形成后，征求了省直有关部门的意见，各市按照省里的方案进行了对比落地，地方落地主要是对省级以上建设项目、土地利用总体规划、城市总体规划、各类矿权、永久基本农田等各类空间规划进行衔接，并通过高分遥感影像，结合各类自然边界和规划边界，进行完善。在符合生态保护红线划定要求的基础上，对初步方案范围内不在禁止开发区内的具有合法审批手续的工业园区、经济开发区、城市建设区、永久基本农田、建设用地、有条件建设用地、允许建设用地、部分果树林、合法采矿权和"十三五"明确探转采的项目用地进行了扣除。

而后将抚顺市、本溪市和铁岭市红线划定方案与吉林省红线方案进行了跨区域对接(图6-44)。两省红线分布连接区域主要位于长白山山地南麓,从划定结果看,辽宁省与吉林省生态保护红线划定结果高度吻合,衔接较好。将朝阳市、阜新市红线划定结果与内蒙古自治区红线进行叠加分析,两省边界处辽宁一侧红线主要分布在朝阳市建平县、朝阳县、北票市、阜新全市和沈阳市康平县,红线分布相对破碎,红线比例较大。内蒙古一侧红线分布面积相对较少,故未完全吻合。分析原因,一是辽宁省一侧的保护区分布较多,且被纳入到红线中。如辽宁章古台国家级自然保护区、辽宁努鲁儿虎山国家级自然保护区、辽宁大黑山国家级自然保护区等,另一方面在辽宁一侧朝阳区域属于低山丘陵区,土壤侵蚀较为严重;同时,朝阳市、阜新市处于农牧交错过渡带,受风蚀风险较大,土地沙化较为严重,故在评估过程中,辽宁一侧的防风固沙功能红线、土地沙化敏感性红线和水土流失敏感性红线较多。在与河北省红线协调对接中,两省交界红线辽宁一侧主要位于朝阳市凌源市、葫芦岛市绥中县的山地中,该区域是冀辽山地,属燕山余脉,两省生态保护红线划定结果高度吻合。

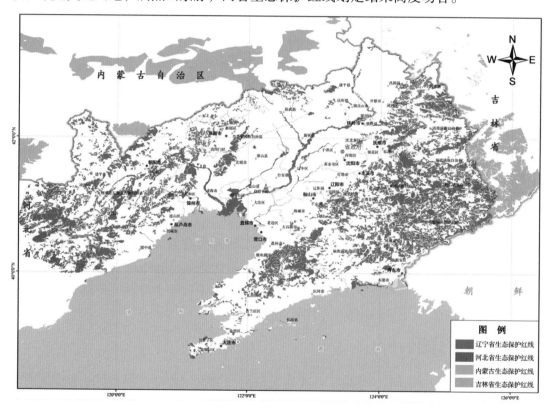

图6-44 辽宁省与邻省生态保护红线对接

此后,辽宁省与国家和地方经过多轮协调,各市经过百余次对接,进行4次审核验收与方案修改,最终汇总和进行数据统计分析后,形成辽宁省1:1万生态保护红线划定方案。

6.6 生态保护红线划定结果

6.6.1 总体划定情况

6.6.1.1 陆域生态保护红线

评估结果表明，全省陆域生态功能极重要区面积 34585.73 km²，生态极敏感区面积 7804.88 km²，禁止开发区面积 16062.33 km²。三者叠加（扣除重叠面积）总面积 45138.66 km²，占全省国土面积的 30.47%。

在科学评估基础上，进行叠加校验、边界处理、现状与规划衔接、跨区域协调、上下对接等环节，去除了自然保护区核心区之外的永久基本农田、中心城区扩展边界、各类保护地外的合法采矿权及"十三五"期间明确探转采的项目及已有建设用地。陆域生态保护红线面积 31590.35 km²，占全省陆域国土空间面积的 21.44%。

在空间格局上，陆域生态保护红线划定呈现为"两屏两廊多点"的主要特征："两屏"为辽东山地丘陵生态屏障和辽西低山丘陵生态屏障，辽东山地丘陵生态屏障主要生态功能为水源涵养、水土保持和生物多样性维护，辽西低山丘陵生态屏障主要生态功能为水土流失控制、水源涵养和防风固沙；"两廊"为辽河和凌河流域生态廊道，主要生态功能是洪水调蓄、水源涵养、水土保持和生物多样性维护；"多点"为各类点状分布的禁止开发区和其他保护地。

6.6.1.2 海洋生态保护红线

根据《海洋生态红线划定技术指南》，辽宁省海域划定生态保护红线总面积 15176.81 km²，占统计管辖海域面积的 38.87%。海洋生态保护红线主要分布在黄海北部和渤海部分海域。

6.6.1.3 陆海统筹生态保护红线

综合陆域、海洋生态保护红线划定结果，辽宁省共划定生态保护红线面积 46767.16 km²，占陆域国土空间及统计管辖海域面积比例 25.09%。

6.6.2 生态保护红线类型分布

6.6.2.1 陆域生态保护红线

根据生态系统服务功能的重要性和生态环境的敏感性，结合辽宁省实际情况，按照空间分布格局，分为 26 个生态保护红线片区，主要为水源涵养、水土保持、生物多样性维护、防风固沙生态保护红线和土地沙化、水土流失敏感性红线，大部分片区兼具 2 种以上生态服务功能，如图 6-45 所示。

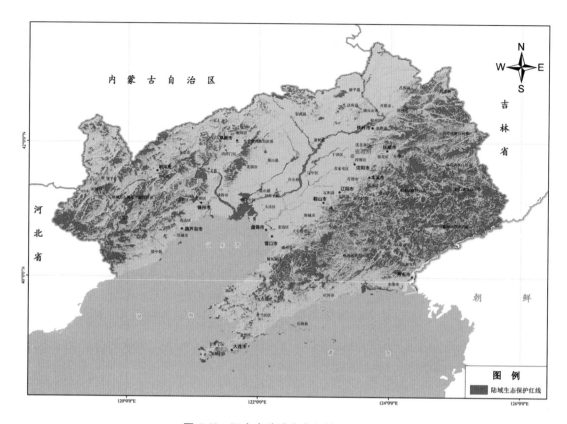

图 6-45　辽宁省陆域生态保护红线分布

Ⅰ水源涵养生态保护红线

Ⅰ-1 清河水源涵养与水土保持生态保护红线

本区位于清河、寇河流域宽谷低山丘陵地区，包括铁岭市西丰县全部、开原市北部及清河区东部地区，区域总面积 4297.05 km²。本区划定生态保护红线面积 1326.42 km²，占区域总面积的 30.87%，以水源涵养和水土保持功能为主，分布有清河水库、南城子水库、寇河、石顶山等区。

本区主要山脉为哈达岭南部余脉，主要水系有清河、寇河，主要地貌是中切低山、浅切高丘、堆积谷地，气候冷凉—温和，湿润。区域以林、农为主要产业，清河、寇河上游山区毁林开荒、陡坡种植、粗放式养蚕使生态环境遭到破坏，水土流失比较严重。西丰县东北部铁矿等矿产资源开采破坏植被现象严重。

未来应统一规划，进一步搞好流域综合治理，保护水土资源。加强森林管理，提高森林质量，保护天然林，强化蚕场管理，禁止超坡耕种，控制水土流失。保护南城子水库、清河水库水质，加强对水库集水区工业企业污染物排放的监管，限制高污染行业发展。整治矿山开采秩序，取缔不科学开采，科学处置矿渣和废弃矿场，恢复植被。加大冰砬山、城子山森林公园、龙潭寺风景名胜区等植被较好地区的管理力度，保护好生物多样性。

I-2 柴河水源涵养与水土保持生态保护红线

本区包括铁岭市开原市南部、铁岭县东部、沈阳市棋盘山、抚顺市与铁岭市邻近的地区，区域总面积2748.44 km²。本区划定生态保护红线面积881.72 km²，占区域总面积的32.08%，以水源涵养和水土保持功能为主，分布于柴河水库、大青山、棋盘山、象牙山等区。

本区主要山脉为哈达岭南部余脉，主要水系有柴河，主要地貌是中切低山、浅切高丘，气候温和湿润，自然植被覆盖率约为70%。林业、中药材产业、山林特产业是区内主导产业。由于不合理开发利用导致局地山区水土流失加剧，凡河、柴河源头地区的水源涵养与生物多样性维护功能下降。防护林比例偏小，中幼林比例偏大，结构失调，水土保持功能较低。该区域矿产资源开发在带来植被破坏同时，也造成了水体污染，给铁岭市的水源地柴河水库及榛子岭水库供水带来隐患。

未来应保护天然林，调整森林结构，提高防护林比例，增强森林生态系统的水土保持功能。搞好果园、蚕场的水土保持建设。保护柴河、榛子岭、棋盘山水库水质，提高上游地区水源涵养能力，保障饮用水及工农业、旅游用水安全。对象牙山地质公园、白鹭洲野生动物保护区等特殊景观与动植物丰富地区实施有效保护。整治矿山开采秩序，注重生态恢复及污染治理。

I-3 浑河源头水源涵养与生物多样性维护生态保护红线

本区位于哈达岭南麓龙岗山地，浑河源头地区，包括抚顺市清原满族自治县全部及新宾满族自治县大部，区域总面积7222.87 km²。本区划定生态保护红线面积2054.77 km²，占区域总面积的28.45%，以水源涵养和生物多样性维护功能为主，分布有浑河源、北大岭、红河谷、苏子河、猴石等水源涵养和生物多样性维护地区。

本区主要山脉为龙岗山余脉，主要水系有浑河上游及主要支流苏子河，主要地貌是中低山、切割谷地，地表起伏较大，气候冷凉湿润，自然植被覆盖率约为80%，为全省地势较高地区。林业、中药材、山林特产业及旅游业比较发达。由于长期的开发利用，森林质量下降，树种单一，结构失调。个别地区森林植被遭到破坏。源头地区的水源涵养与生物多样性维护功能下降。该区域红透山、清原镇等地矿产资源的开发在带来植被破坏的同时，也造成水体污染，给沈阳、抚顺的水源地大伙房水库供水安全带来隐患。

本区是重点水源涵养区域，要进一步搞好浑河源头地区的封山育林，提高水源涵养能力。调整森林结构，提高防护林比例，保护天然林，提升森林生态系统功能。生物措施与工程措施相结合，进一步搞好流域综合治理，做好退耕还林工作，防治水土流失。整治矿山开采秩序，取缔不合理开采，科学处置矿渣和废弃矿场，恢复植被。加大清原浑河源、新宾龙岗山、新宾猴石自然保护区建设与管理力度，保护华北、长白植物区系交汇带森林生态系统和国家、省级重点保护的野生动植物。严格限制排放重金属、难降解有机物等污染物企业，保障大伙房水源地水质安全。

I-4 大伙房水源涵养与水土保持生态保护红线

本区位于抚顺市东部，浑河流域抚顺县全部，区域总面积2536.88 km²。本区划定生态保护红线面积800.30 km²，占区域总面积的31.55%，以水源涵养和水土保持功能为主，分布有大伙房水库、浑河、二龙山、三块石等湖库和山地。

本区主要水系为浑河，辽宁大伙房水库坐落其中，涵盖浑河支流社河流域，主要地貌是中切低山，浅切高丘，气候温和湿润，自然植被覆盖率为65%。近年来，区内天然林面积减少，防护林比例偏低，质量不高，森林生态系统的水土保持功能受到影响。饮用水源地大伙房水库汇水区周边水土流失较重，加快了库区淤积，影响水文调蓄功能。

大伙房水库是省内最重要的生活及工农业用水水源地，并担负水文调蓄、蓄水输水基地防洪的功能，是重点保护目标。管理好大伙房水库水源地，保护水资源，恢复水库汇水区的自然湿地系统，恢复入库河流自然弯曲，禁止耕种水库水淹地。禁止向库区排放污染物。建立环库水源涵养林带，封育现有灌丛，营造针阔叶混交林。要生物措施与工程措施相结合，全面整治水土环境，增加调蓄能力。合理耕种、放牧、养蚕，减少土壤侵蚀。发展生态农业，减轻农业面源污染。保护三块石自然保护区森林植被及其生境所构成的自然生态系统以及野生动植物资源。限制汇水区内高污染行业发展。

I-5 太子河观音阁水库水源涵养生态保护红线

本区位于长白山余脉，太子河上游，包括本溪市本溪满族自治县全部及抚顺市新宾满族自治县南部，区域总面积4505.00 km²。本区划定生态保护红线面积1898.80 km²，占区域总面积的42.15%，以水源涵养功能为主，分布有太子河、观音阁水库、和尚帽子、关门山等山地和湖库。

本区主要山脉为长白山余脉，主要水系有太子河，主要地貌是深切中低山、中切低山、岩溶低山，气候冷凉湿润。矿产资源比较丰富，山高林密，是省内林业、山林特产、蚕业、采矿业重点区域之一。不合理开发利用，加之山陡雨量集中，洪水冲刷，新宾县下夹河乡等区域水土流失较重。森林结构失调，水源涵养功能下降。由于集水区水土流失较重，使观音阁水库淤积加快，水文调蓄功能受到影响。乡镇煤矿、铁矿、石灰石矿等矿产资源开发破坏生态环境。

未来应加强太子河源、辽宁老秃顶子、本溪和尚帽自然保护区、本溪国家森林公园、本溪水洞等地质遗迹的保护与管理。整治观音阁库区环境，搞好水源涵养林和水土保持林建设，对乱石窖和汇水区实行封山育林，保持水土，提高水源涵养和水文调蓄能力。重点保护城市的饮用、工农业水源地观音阁水库，严格限制污水排放，建立完善的城镇污水处理设施。整治矿山开采秩序，取缔不合理开采，科学处置矿渣和废弃矿场，恢复植被。合理种植，杜绝超坡耕种。

I-6 浑江水源涵养与生物多样性维护生态保护红线

本区位于浑江流域地区，包括本溪市桓仁满族自治县全部，以及丹东市宽甸满族自治县北部南、北股河地区，区域总面积 5696.95 km²。本区划定生态保护红线面积 2619.38 km²，占区域总面积的 45.98%，以水源涵养和生物多样性维护功能为主，分布有浑江、桓仁水库、老秃顶子、五女山、白石砬子、青山沟等区。

本区主要山脉为龙岗山脉，主要水系有鸭绿江支流浑江，主要地貌是深切中低山、中切低山，气候冷凉湿润，自然植被覆盖率约为 83%。本区水、生物、土地资源丰富，是全省的供水基地和生物资源库。近年来，天然林减少，林种林龄结构不合理，森林生态质量下降。山体陡，降雨集中，水流急，易发生水土流失。木盂子、二棚甸子等地区矿产开采破坏当地生态环境。面源污染与入库水质影响浑江水库供水安全。

未来应做好浑江流域规划，治理和保护区域生态环境，建设全省重点蓄水调水基地。限制严重污染水质的企业，同时要注意与吉林省白山市、通化市的协调，保障浑江水库的入库水质。调整森林结构，加强水源涵养林建设，提高森林质量和生态功能。生物措施与工程措施相结合，进一步强化流域综合治理，搞好水土保持，提高水源涵养能力。整治矿山开采秩序，取缔不合理开采，科学处置矿渣和废弃矿场，恢复植被。加大自然保护区建设与管理力度，保护好生物多样性。保护老秃顶子自然保护区长白植物区系原生型森林及紫杉、人参、刺人参、双蕊兰等珍稀植物资源。

I-7 鸭绿江与水丰水库水源涵养生态保护红线

本区位于鸭绿江干流西侧，包括丹东市凤城市全部及宽甸满族自治县大部分地区，区域总面积 9756.79 km²。本区划定生态保护红线面积 4128.04 km²，占区域总面积的 42.31%，以水源涵养功能为主，分布有鸭绿江、瑷河、水丰水库、凤凰山、尖山子等区。

本区主要山脉为长白山余脉，主要水系有鸭绿江干流与其支流瑷河，主要地貌是深切中低山、中切低山、浅切高丘，气候冷凉湿润。本区是辽宁省内降雨中心，雨量大而集中，凤城市赛马、爱阳等地为滑坡、泥石流多发区。山势较陡，河流从北向南，分布比较密集，加之林地质量较差，防护功能低，使土壤侵蚀较重。该区域是辽宁省的主要柞蚕放养区，蚕场面积大，宽甸红石、长甸、大西岔等乡镇部分蚕场退化严重。宽甸县、凤城市是我国主要的硼矿产区，宽甸硼海、石湖沟等地硼泥污染较为突出。

防治泥石流等地质灾害、保持水土、涵养水源是本区重要任务。加强天然林保护，提高森林生态功能。强化蚕场整治，提高蚕场质量。整治矿山开采秩序，取缔不合理开采，科学处置矿渣和废弃矿场，恢复植被。加大白石砬子、凤凰山自然保护区建设与管理力度，保护原生型红松阔叶混交林。保护瑷河、草河水生态环境，限制水污染项目及矿山开采。

I-8 大洋河水源涵养与水土保持生态保护红线

本区位于辽东半岛北部，千山山脉从岫岩北部入境，属大洋河流域，包括鞍山市岫岩满族自治县全部地区，区域总面积 4415.33 km²。本区划定生态保护红线面积 644.86 km²，占区域总面积的 14.61%，以水源涵养和水土保持功能为主，分布有大洋河、清凉山、龙潭湾、老虎山等区。

本区主要山脉为千山山脉，主要水系有大洋河，主要地貌是中切低山、浅切高丘，气候冷凉、温和湿润。本区是辽宁省的主要柞蚕放养区，一些天然林被开发成为蚕场，蚕场面积大，部分退化严重，植被质量降低，水源涵养能力下降。矿产开发破坏生态，西部地区菱镁矿开发破坏地表面积较大。山势较陡，地表径流较大，加之林地质量较差，使西部牧牛乡等7个乡镇土壤侵蚀较重。西、北部石庙子、偏岭等乡镇地质灾害严重。

涵养水源、防治泥石流是本区重要任务。调整森林结构，加强防护林建设，搞好天然林保护，提高森林生态功能。整治菱镁矿开采秩序，取缔不合理开采，科学处置矿渣和废弃矿场，恢复植被。调整畜牧业结构，合理确定载畜量。保护清凉山、龙潭湾自然保护区华北、长白区系交汇带的森林生态系统。保护大洋河流域生态环境，严格限制高污染项目，规范矿山开采。对特色矿产岫岩玉等实行有计划开采，保护资源与环境。

I-9 盖州水源涵养与水土保持生态保护红线

本区位于辽宁省辽东半岛西北部，地处沈大高速公路经济带中部，濒海临山，包括营口市盖州市和鲅鱼圈区全部地区，区域总面积3166.65 km²。本区划定生态保护红线面积1249.33 km²，占区域总面积的39.45%，以水源涵养和水土保持为主，分布在碧流河、大清河、熊岳河、石门水库、转山湖水库、雪帽山、望儿山等区域。

本区主要山脉为千山西南余脉，主要水系有大清河、碧流河、熊岳河、沙河，主要地貌是中低山区，气候温和湿润，自然植被覆盖率约为41%。区位优越，是全国重要的优质果品、海蜇生产基地。区域开发历史较久，开发强度大。森林资源较少，林分质量较差，结构不合理，蚕场退化面积大，植被涵养水源能力较差。超载放牧，山羊散养，超坡耕种，造成植被破坏，水土流失加剧，尤以东南部比较突出。营口市与大连市水源地汇水区植被受到破坏，水质受到污染，影响供水安全。

未来应加强现有林地及天然林保护，调整森林结构，扩大水土保持林和水源涵养林比例，提高水源涵养功能。退耕还林，恢复植被。整治柞蚕场。加强流域综合治理，控制土壤侵蚀和河流淤积，以东南部榜式堡等12个乡（镇）为水土保持重点区，加强石门、玉石、碧流河水库等重要饮用水源汇水区水质保护，限制污染型工业项目和破坏植被的矿产开发项目。保护玉石岭自然保护区、盖州国家森林公园赤松—栎林生态系统及珍稀濒危野生动植物资源，同时加大石门湿地公园、望儿山风景名胜区、石门水库饮用水水源地等保护力度和管理。

I-10 大凌河源头水源涵养与生物多样性维护生态保护红线

本区位于冀北燕山山脉余脉，包括朝阳市凌源市东部，葫芦岛市建昌县北部，区域总面积3432.73 km²。本区划定生态保护红线面积962.78 km²，占区域总面积的28.05%，以生物多样性维护、水土保持功能为主，主要分布在燕山余脉、大凌河等区域。

本区主要山脉为燕山余脉、松岭山脉，主要水系有大凌河源头西支与北支。气候温和，主要植被为油松林、蒙古栎林及灌草。该区域森林质量低，草场退化，林草水源涵养功能较差。山势较陡，土壤侵蚀较重。

本区应重点加强大凌河源头区植被建设和保护，实行退耕还林还草，恢复林草植被，增强水源涵养能力，保护白狼山自然保护区等植被较好地区森林生态系统，提升该区域水源涵养与生物多样性维护功能。

Ⅱ 水土保持生态保护红线

Ⅱ-1 辽河干流及周边水土保持生态保护红线

本区位于辽宁省中部辽河平原地区，包括沈阳市、鞍山市、抚顺市、营口市、辽阳市、铁岭市的部分地区，区域总面积 19645.72 km²。本区划定生态保护红线面积 843.52 km²，占区域总面积的 4.29%，以水土保持和水源涵养功能为主，主要分布在辽河保护区。

本区地势平坦，主要河流有辽河、浑河、凡河、太子河，属温带亚湿润气候区，平原地区植被主要为人工种植群落，自然植被比例较小。区域人口密集，城市化水平高，经济发达。

未来应协调好城市发展与生态保护间的关系，重点保护辽河、浑河、太子河、凡河等流域水质，保护流域范围内植被、动植物、湿地，提升区域内水土保持和水源涵养功能。推进生态示范区、生态县建设，大力发展生态农业，统筹考虑区域资源承载力与环境容量，在环保基础设施建设和使用上要综合考虑区域内多城市的共同需求，提高流域环境质量，构建区域安全格局。

Ⅱ-2 南芬—大石桥水土保持生态保护红线

本区位于千山山脉西麓，包括本溪市南芬区、辽阳市东部山区、弓长岭区、鞍山市海城市东部、营口市大石桥市东部，区域总面积 6452.15 km²。本区划定生态保护红线面积 1639.28 km²，占区域总面积的 25.41%，以水土保持功能为主，分布有汤河水库、核伙沟、纱帽山、白云山、九龙川、三道岭水库等水土保持功能区。

本区主要山脉为千山山脉，主要水系有太子河支流细河、汤河、海城河，主要地貌是中切低山、浅切高丘、堆积谷地，气候暖温、半湿润，自然植被覆盖率约为 57.90%。本区是辽宁省内重要矿产区之一，南芬、弓长岭等地区铁矿，海城、大石桥东部菱镁矿、滑石矿开采和冶炼造成生态环境破坏，大气严重污染，山林植被受到破坏，废弃矿场较多，使水土流失加剧。防护林面积小，质量差，水土保持功能下降。饮用水源地汤河水库汇水区水源涵养能力下降，不合理开发活动威胁水质安全。

未来应整顿矿产秩序，取缔无证开采，整治废弃矿场，恢复土地植被。合理、有序开发矿产资源，避免短期行为所造成的资源浪费和严重的生态环境破坏。汤河水库上游、海城河源头区域要培育水源涵养林，限制污染企业发展及小矿山的开发。封育山区自然植被、营造人工植被，扩大防护林面积，提高森林质量。合理确定载畜量，严禁牲畜破坏森林和植被。保护九龙川、白云山自然保护区油松栎林和落叶阔叶林生态系统。

Ⅱ-3 丹东—庄河水土保持生态保护红线

本区位于黄海沿岸，大洋河、碧流河下游地区，包括丹东市区和郊区、东港市以及大连市庄河市的全部地区，区域总面积 7189.88 km²。本区划定生态保护红线面积 1116.19 km²，占区域总面积的 15.52%，以水土保持为主，分布在双顶子—老黑山、五龙山、王家沟等区域。

本区主要山脉为千山余脉，主要水系有鸭绿江入海口、大洋河、英纳河、庄河、碧流河，主要地貌是中切低山、浅切高丘—低丘、谷地、沿海平原，气候温和湿润，自然植被覆盖率约为 67.6%。区位优越，经济较为发达，是重要的口岸城市，是省内柞蚕、板栗、丝绸、汽车等重要生产基地。区域开发历史较久，开发强度大。防护林比例小，低次林比例高，铁甲、英那河水库汇水区水源涵养能力下降，水土流失较重。丹东市一些工业企业排放的污染物对河口和滨海湿地生态环境造成一定影响。

未来应调整森林结构，扩大水土保持林，强化海岸防护林，提高防护功能。加强流域综合治理，控制土壤侵蚀和河流淤积。加强碧流河、英那河、铁甲水库等重要饮用水源汇水区保护，限制污染型工业项目和破坏植被的矿产开发项目。加强对大洋河中下游流域的污染治理工作，减轻入海河流对近岸海域的污染及对鸭绿江口湿地自然保护区的压力。保护仙人洞自然保护区赤松栎林生态系统及珍稀濒危野生动植物资源，加大天门山森林公园、银石滩森林公园、仙人洞森林公园、冰峪沟地质公园、凤凰山风景名胜区、五龙山风景名胜区、鸭绿江口湿地公园、合隆水库群湿地、仙人洞英那河湿地等保护力度和管理。

Ⅱ-4 普兰店—瓦房店水土保持生态保护红线

本区位于辽宁省辽东半岛中部，包括大连市普兰店和瓦房店两市全部地区，区域总面积 6760.98 km²。本区划定生态保护红线面积 871.33 km²，占区域总面积的 12.89%，以水土保持为主，分布在复州河下游、松树水库、七道房水库、交流岛乡等区域。

本区主要山脉为千山余脉，主要水系有入黄海的碧流河、清水河、沙河及入渤海的复州河，主要地貌是中切低山、浅切高丘—低丘，温带湿润、半湿润季风气候。区域自然植被受到破坏，低丘陵岗地地貌导致水土流失严重。水资源短缺，超采地下水造成沿海乡镇出现海水倒灌的趋势。矿山生态环境恶化，不合理的开采造成生态环境破坏。

未来应加大力度保护现有植被及水土保持林建设，提高水土保持功能。合理利用土地，加大水土监测力度，加强小流域的综合整治。加大节水、蓄水工程力度，合理利用地下水资源，控制地下水开采。加大瓦房店森林公园、普兰店森林公园、驼山海滨森林公园、长兴岛森林公园、瓦房店三台乡湿地等保护力度和管理，同时加强碧流河水库、大梁屯水库、刘大水库、松树水库、东风水库等饮用水水源地保护。实施矿山生态环境保护与修复工程。

Ⅱ-5 柳绕地区水土保持生态保护红线

本区位于辽河平原西北部，柳河、绕阳河中下游，医巫闾山东侧坡平原，包括黑山县全部，法库、彰武、阜新、新民、北镇县（市）部分地区，区域总面积6713.62 km²。本区划定生态保护红线面积234.98 km²，占区域总面积的3.50%，以水土保持和防风固沙功能为主，分布在柳河、绕阳河区域。

本区主要水系有柳河、绕阳河，气候暖温，半湿润，以种植群落为主。区域北部邻界风沙地区，柳河、绕阳河流域水土流失严重，部分河段成为地上悬河，涝灾时有发生。河道宽阔，多数时间呈裸露状态，是省内主要的沙尘源区之一，同时，本区位于医巫闾山以东，地势倾斜，土壤侵蚀较重。

本区应以柳河、绕阳河流域综合整治为重点，生物措施与工程措施相结合，降低河水含沙量，控制淤积，防洪抗涝。在彰武县等水土流失及沙化严重区域，加大植树种草力度，治理沙化，遏制水土流失，北部强化防风固沙林（草）建设，防风抵沙，部分区域实行退耕还林还草。保护彰武高台山森林公园、绕阳河湿地生态系统和动植物资源。

Ⅱ-6 细河流域水土保持生态保护红线

本区位于医巫闾山以西、松岭山脉以东的宽谷地区，包括阜新市区和郊区全部，阜新蒙古族自治县南部，锦州市义县西部，区域总面积3657.87 km²。本区划定生态保护红线面积723.60 km²，占区域总面积的19.78%，以水土保持、水源涵养功能为主，主要分布在松岭山脉、义县古生物化石自然保护区。

本区西部为松岭山脉，主要水系有细河，地貌为剥蚀丘陵、洪积谷地，属于暖温半湿润气候区。本区位于两山之间夹一宽谷，地势倾斜，水蚀问题突出。北部邻接风沙地区，受干旱和风沙影响，土地沙化。中南部剥蚀丘陵，土质瘠薄，土壤侵蚀较重。自然植被质量不高，过度放牧加剧了水土流失问题。

本区应进一步加强水保林建设，在三北防护林建设基础上，强化北部防风固沙林带，营造丘陵地区水土保持林，对细河进行治理，提高水土保持能力。

Ⅱ-7 白石水库水土保持生态保护红线

本区位于松岭山脉北段的丘陵山地，包括朝阳市龙城区、双塔区和北票市大部分区域，区域总面积3470.93 km²。本区划定生态保护红线面积794.18 km²，占区域总面积的22.88%，以水土保持、水源涵养功能为主，主要分布在松岭山脉、大凌河区域。

本区地处浅切低山、剥蚀丘陵、洪积谷地，主要山脉为松岭山脉，主要水系有大凌河及支流牤牛河，干旱少雨，丘坡纵横，土壤瘠薄，森林草地质量较差，植被覆盖率低，水土流失较重，大凌河、牤牛河含沙量大，水库淤积快。煤炭等矿产开发以及放牧，加剧了水土流失。

本区应重点加强北票鸟化石自然保护区、地质公园、椴木头沟自然保护区以及大凌河保护区内的管理与保护，全面控制水土流失，保持水土，提高水源涵养能力。因地制宜，林草结合，封山育林育草，杜绝滥垦和超载过牧，有计划地实行退耕还林还草。在朝阳市中心城区拓展过程中，协调好城市建设与生态环境的关系，保护本区生态环境生态安全。

Ⅱ-8 阎王鼻子水库水土保持生态保护红线

本区位于松岭山脉的丘陵地带，包括朝阳市喀喇沁左翼蒙古族自治县全部、朝阳县大部和葫芦岛市建昌县东南部，区域总面积7038.13 km^2。本区划定生态保护红线面积1975.83 km^2，占区域总面积的28.07%，以水土保持、生物多样性维护、水源涵养功能为主，主要分布在松岭山脉、大凌河、小凌河流域附近。

本区属于中切—浅切低山、剥蚀丘陵、洪积谷地地带，主要山脉为松岭山脉，主要水系有大、小凌河，区域气候温和，半湿润—半干旱。同时，该区域河流大小支流流量极不稳定，多为季节河，气候干旱少雨，森林、草场质量低，水土保持功能差，水土流失较重，水库淤积严重。

本区内植被很差的石质山及低质草场要以封育为主，其余低山丘陵和坡地，以小流域为单元，工程措施与生物措施相结合，造林、种草、修筑梯田，保持水土，杜绝滥垦和超载过牧，有计划地实行退耕还林还草。保护朝阳小凌河源头区和中华鳖自然保护区野生中华鳖、瓦氏雅罗鱼等生物物种及其生境；白狼山、清风岭和楼子山自然保护区森林生态系统，提升该区域水土保持能力。

Ⅱ-9 辽西走廊低丘水土保持生态保护红线

本区位于辽西走廊松岭山脉东麓，入海河流上游区的丘陵地带，包括锦州市凌海市西部，葫芦岛市南票区全部，连山区、兴城市、绥中县西部，区域总面积9148.46 km^2。本区划定生态保护红线面积1637.38 km^2，占区域总面积的17.90%，以水土保持、生物多样性维护、水源涵养功能为主，主要分布在五花顶、虹螺山、小凌河等地。

本区主要山脉为松岭山脉、燕山余脉，主要河流有小凌河、六股河、兴城河、狗河，主要植被类型有油松林、人工刺槐林、灌丛、灌草丛和果园等。该区域植被破坏严重，人工林树种单一，植被和森林覆被率低，中幼龄林面积大，裸地占有一定比例，水土保持功能低，水土流失较重。

本区应重点加强该区域水保林，退耕还林还草，保持水土。加强五花顶、虹螺山等自然保护区的管理工作，切实保护甲鱼等野生动物以及水曲柳、黄菠萝等野生植物。加强水源地保护，做好水源周边污染防治和水土保持工作。保护小凌河、六股河上游植被，提高水源涵养能力，构建区域生态安全。

Ⅲ 生物多样性维护生态保护红线

Ⅲ-1 旅顺口—七顶山生物多样性维护与水土保持生态保护红线

本区位于辽宁省辽东半岛南部，西临渤海，东濒黄海，南隔渤海海峡与山东半岛相望，包括大连市中心城区及旅顺口区、金州区、长海县地区，区域总面积2650.93 km^2。本区划定生态保护红线面积260.32 km^2，占区域总面积的9.82%，以生物多样性维护和水土保持为主，分布在平顶山、老铁山、金石滩、西山等区域。

本区主要山脉为千山山脉南延部分，主要河流有登沙河、青云河等短小河流，多为季节性河流，主要地貌是沿海低山丘陵，具有海洋性特点的暖温带大陆性季风气候。区位条件优越，是东北地区和全国的对外窗口及水陆交通枢纽。区域开发历史较久，开发强度大。森林覆盖率偏低、林分质量不高、林种结构不合理、草地资源退化。水资源短缺，水源地污染问题仍很严重。地下水超采严重，形成多个漏斗区，近岸海水入侵影响严重。工矿开发和工程建设造成的生态破坏严重，矿山生态环境恶化。土壤侵蚀普遍，以水力侵蚀为主。

未来应加大力度保护现有植被及水土保持林建设，强化封山育林，促进森林生态系统提高质量，增强水土保持功能。保护森林、湿地生态系统，维护生物多样性，提高水源涵养与水文调节生态服务功能。加强小流域综合治理，控制水土流失。严格限制开采地下水，防止海水入侵。同时，应以城头山海滨地貌、长海海洋珍贵生物等自然保护区、大连海滨—旅顺口风景名胜区、金石滩风景名胜区、大赫山国家森林公园、长山群岛森林公园、大连滨海地质公园、鸽子塘、卧龙、小龙口等水库饮用水水源地为重点，保护森林、湿地生态系统，维护生物多样性，提高水源涵养与水文调节生态服务功能。加强小流域综合治理，控制水土流失。

Ⅲ-2 辽河三角洲生物多样性维护生态保护红线

本区位于辽河平原南端，包括盘锦市全部、锦州市凌海市南部、营口市区及近郊区，区域总面积 5766.47 km²。本区划定生态保护红线面积 1031.93 km²，占区域总面积的 17.90%，以生物多样性维护、水源涵养功能为主，分布在辽河口国家级、省级自然保护区、辽河、凌河入海口区域。

本区地处辽河平原、辽东湾辽河入海口处，是鸟类迁徙路线上的中转站、目的地，主要保护丹顶鹤、黑嘴鸥等世界珍稀濒危水禽及河口湿地生态环境，是丹顶鹤最南端的自然繁殖区，也是黑嘴鸥在全球种群数量最大、居留期最长的繁殖地和栖息地。保护区以苇田、沼泽草地、滩涂为主，草本植物有芦苇、香蒲、碱蓬等。自 20 世纪 60 年代以来，因石油开发、农业围垦、水产养殖等原因，辽河三角洲湿地面积不断萎缩，滩涂湿地面积不断减小，自然岸线减少及近海海域水质的下降，生态系统的生物物种多样性已有所降低，滨海湿地生态系统在一定程度上受损。

本区应重点开展生态系统与生物多样性保护工程，有利于保护滨海湿地生态系统，提升辽河三角洲生物多样性维护、水源涵养、洪水调蓄等生态功能，对维护生物安全具有重要意义。

Ⅲ-3 医巫闾山生物多样性维护与水土保持生态保护红线

本区位于细河以东，医巫闾山地区，包括锦州市义县、北镇市及阜新市阜新蒙古族自治县部分地区，区域总面积 3074.47 km²。本区划定生态保护红线面积 753.51 km²，占区域总面积的 24.51%，以水土保持、生物多样性维护功能为主，分布在医巫闾山、海棠山、关山、老鹰窝山等区域。

本区主要山脉有医巫闾山，主要地貌为中切低山、剥蚀丘陵，属于暖温半湿润气候区。本区位于辽西地区与中部平原的交接处，是辽西低山丘陵森林植被保存最完整的地区，区内分布有东亚地区特有的天然油松林，保存着较完整的天然针阔叶混交林。同时该区域山丘集中，森林质量低，北部卧风沟、苍土等乡镇水土流失比较严重，生物多样性受到威胁，生态系统比较脆弱。

未来应做好医巫闾山、海棠山、关山、老鹰窝山等自然保护区管理工作，保护医巫闾山天然油松、天然次生针阔混交林生态群落、栎类混交的顶级群落和野生动植物资源。实行封育保护，恢复生态环境，保护物种资源。低山丘陵区应合理配置林果，加强坡地水保工程建设，护坡保土。

Ⅲ-4 青龙河源生物多样性维护生态保护红线

本区位于辽西西南部边缘，滦河流域，青龙河源头地区，包含朝阳市凌源市西部、葫芦岛市建昌县小部分区域，区域总面积 1506.72 km²。本区划定生态保护红线面积 867.24 km²，占区域总面积的 57.56%，以水源涵养、生物多样性维护功能为主，主要分布在燕山山脉、青龙河区域。

本区主要山脉为红石砬子山，主要水系有滦河、青龙河。自然植被覆盖率约为 80.6%，为辽西最高。本区山势较高，山势较陡，土层较薄，土壤易受侵蚀，森林质量是辽西最好地区之一，但蓄积量依然偏低，生物多样性有待提高。该区域应以水土保持林建设为重点，以封育为主，封育与营造相结合，调整森林结构，提高森林生态系统功能。管理好青龙河自然保护区，保护青龙河源头和华北植物区系为主的生态系统。

Ⅳ 防风固沙生态保护红线

Ⅳ-1 科尔沁沙地南缘防风固沙生态保护红线

本区位于辽宁省西北部，地处东北农牧交错地带，科尔沁沙地南缘，包括铁岭市昌图县西部、沈阳市康平县、阜新市彰武县及阜新蒙古族自治县东部地区，区域总面积 7032.17 km²。本区划定生态保护红线面积 692.64 km²，占区域总面积的 9.85%，以防风固沙功能为主，分布在昌图县三北防护林、康平县张家窑林场和大辛屯林场等区域。

本区主要水系有辽河及其支流柳河、绕阳河，主要地貌是沙壤覆盖波状平原、冲沟低丘，气候冷凉—温和，半干旱，自然植被群落主要为沙生植物群落和沼泽水生植物群落。区域植被质量较低，生态环境脆弱。由于科尔沁沙尘不断侵入，草场和湿地面积不断缩小、质量下降，风沙干旱加剧。大面积中低产农田加速了土地沙化速度。

未来应以提升防风固沙功能为目标，筑造绿色挡风抵沙屏障。进一步加强三北防护林建设，林草结合，完善林网体系，防止科尔沁沙地南侵。开展退耕还林还草，对退化严重的草场予以封育，正在利用的草场要以草定牧，保证林草用地。协同内蒙古邻近地区开展沙化治理，减缓科尔沁沙地南侵压力。以柳河、绕阳河流域为重点，治理水土流失，保护闹德海水库水质。保护卧龙湖、章古台等自然保护区内陆湿地和沙地森林生态系统，同时加大昌图辽河湿地公园、章古台沙地森林公园、彰武那木斯莱重要湿地等保护力度。加强樟子松母树林的保护与管理和管理。

Ⅳ-2 努鲁尔虎山防风固沙生态保护红线

本区位于辽宁省西北部边缘地区，努鲁尔虎山东段南麓，包括阜新市阜新蒙古族自治县西北部、朝阳市北票市和朝阳县北部地区，区域总面积 4727.32 km²。本区划定生态保护红线面积 869.76 km²，占区域总面积的 18.40%，以防风固沙功能为主，分布在阜新蒙古族自治县哈大图山、黑石碚子和乌兰木图南山、北票市大黑山、朝阳县努鲁尔虎山等区域。

本区主要山脉为努鲁儿虎山脉大青山，主要水系有大凌河水系细河等支流，主要地貌是剥蚀丘陵、中切中低山、浅切低山，温带半干旱气候，植被属于华北和内蒙古两个植物区系的交汇地带。区域西北部受内蒙古风沙威胁，生态环境十分脆弱。森林、草地植被质量低下，生长缓慢。不合理的放牧及薪材采集破坏植被。山势较陡，土壤侵蚀与水土流失较重。

未来应以提升防风固沙功能为目标，建设辽西地区边缘地区绿色屏障。以努鲁尔虎山为依托，采取围封等多种恢复治理措施，进行沙化治理。进一步完善林网体系，乔、灌、草结合，提高林地质量。有计划退耕还林还草，封育草场与建设人工草场相结合，恢复草场生态功能。保护努鲁尔虎山、大黑山等自然保护区华北、蒙古植物区系交汇地带森林生态系统及原生柞树林，同时加大老虎山河湿地公园、大黑山森林公园等保护力度和管理。

Ⅳ-3 老哈河防风固沙生态保护红线

本区位于辽宁省辽西地区最北端，努鲁儿虎山脉北部，老哈河东岸，包括朝阳市建平县全部地区，区域总面积 4853.31 km²。本区划定生态保护红线面积 712.26 km²，占区域总面积的 14.68%，以防风固沙功能为主，分布在建平县中北部的低山台地区。

本区主要山脉为努鲁儿虎山，主要水系有辽河水系老哈河、蹦蹦河，主要地貌是山地丘陵，半干旱季风型气候，自然植被类型主要有小青杨、小叶杨、油松林、灌丛、羊草等。区域三面接壤于内蒙古，是全省最为干旱的地区，植被质量较差，风沙严重。北部地区台地及沿河两岸土地沙化比较突出。

未来应以提升防风固沙功能为目标，以治理土地沙化为重要任务。以北部地区为重点，加强综合治理，加大封山育林，提高植被质量。有计划退耕还林还草，退化草场要开展围封。开展小流域治理，加强水土保持。保护老虎洞山、天秀山等自然保护区森林生态系统及珍稀动植物资源，保护生物多样性。

6.6.2.2　海洋生态保护红线

辽宁省海洋生态红线区共划分 10 个类别，91 个红线区，其中包含 7 个重要河口生态系统、4 个重要滨海湿地、9 个特别保护海岛及邻近海域、32 个海洋保护区、4 个自然景观与历史文化遗迹、12 个滨海旅游区、4 个重要渔业海域、3 个濒危物种保护区、15 个砂质岸线红线区以及 1 个地质水文灾害高发区。辽宁省管辖海域面积约

41300 km², 划定海洋生态红线区 15283.67km², 如图 6-46 所示。

岸线采用 2017 年最新调查岸线, 目前辽宁省大陆海岸线自然岸线长度约 747.8 km, 其中原生自然岸线长度约 481.1 km, 包括基岩岸线约 257.4 km、砂质岸线约 141.1 km、淤泥质岸线约 68.8 km 和河口岸线约 13.8 km; 具有自然海岸形态特征和生态功能的海岸线长度约 266.7 km, 包括自然恢复的岸线约 49.3 km、整治修复的岸线约 136.5 km 和海洋保护区内的具有生态功能岸线约 80.9 km。黄海大陆海岸线自然岸线长度约 314.9 km, 其中砂质岸线长度约 37.6 km; 渤海大陆海岸线自然岸线长度约 432.9 km, 其中砂质岸线长度约 103.9 km。全省自然岸线保有率为 35.44%, 满足辽宁省大陆岸线自然岸线保有率不低于 35% 的要求。

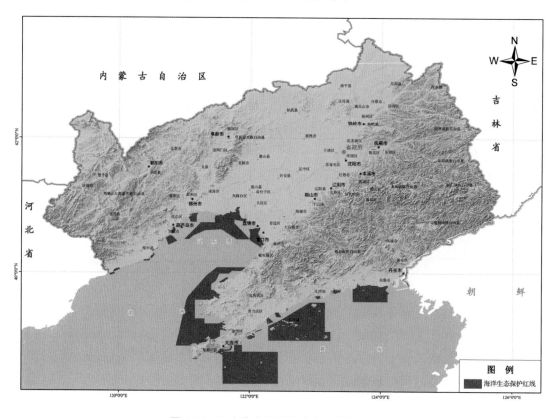

图 6-46　辽宁省海域海洋生态红线控制区

6.6.3　其他需要说明的问题

（1）科学评估及各类保护地未纳入生态保护红线部分的情况说明。叠加结果中未纳入生态保护红线的主要包括土地利用总体规划中心城区扩展边界、永久基本农田、合法的采矿权及"十三五"期间明确探转采的项目、城镇空间和"十三五"期间国家和省级以上批复的项目。

叠加结果中去除了中心城区扩展边界, 共去除 281.65 km²; 去除叠加结果中除了自然保护区核心区之外的永久基本农田，共去除 1073.84 km^2；去除叠加结果中禁止开发区外的生态保护红线中合法采矿权及"十三五"期间明确探转采的项目，共去除 2237.97 km^2；去除叠加结果中科学评估生态保护红线中已有建设用地，共去除 201.46 km^2；同时，与省级以上建设项目进行校验，完成生态保护红线划定对接工作。

（2）生态保护红线内非生态用地的情况说明。为保持生态系统和各类保护地的完整性，生态保护红线存在部分非生态用地。通过将生态保护红线划定结果与永久农田进行叠加分析，辽宁省生态保护红线内还存在 58.32 km^2 的永久基本农田，全部分布于国家级及省级自然保护区核心区内。通过将生态保护红线划定结果与辽宁省土地现状调查数据进行叠加分析，辽宁省生态保护红线内还存在少量的耕地、道路、城镇村庄和采矿用地等，总面积 1274.59 km^2，占全省陆域生态保护红线总面积的 4.18%。其中采矿用地 63.26 km^2、城镇村庄 127.75 km^2、道路用地 33.48 km^2、耕地 1050.1 km^2，这些非生态用地大都分布在禁止开发区内。同时，在生态保护红线中，还保留了种苗基地、林场场址、林区林场道路、管护用房等森林草原防火以及有害生物防治等生态建设基础设施等，均为生态保护红线保护修复工程。

7

相关规划协调分析

7.1 与主体功能区规划的协调性分析

2016 年 9 月 29 日国务院印发《关于同意新增部分县（市、区、旗）纳入国家重点生态功能区的批复》，辽宁省新宾满族自治县、本溪满族自治县、桓仁满族自治县、宽甸满族自治县被纳入到国家重点生态功能区中。此次红线划定，国家重点生态功能区主要生态功能为水源涵养和生物多样性维护（图 7-1）。4 个县生态保护红线总面积为 7452.52 km^2，占 4 个县国土面积的 43.07%，占全省陆域国土空间面积的 5.06%，占全省陆域生态保护红线面积的 23.59%，基本保障了该区域生态功能的稳定与发展。

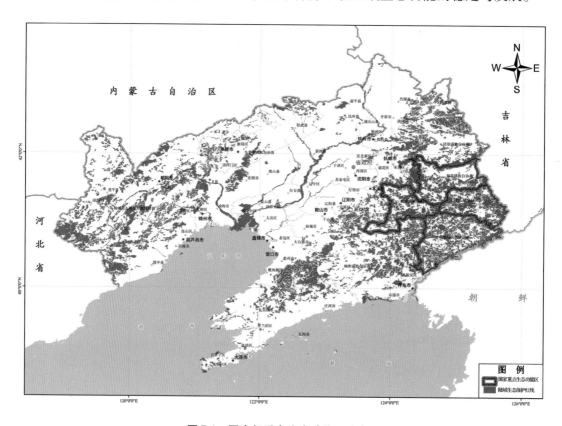

图 7-1　国家级重点生态功能区分布

《辽宁省主体功能区规划》提出以辽东山地丘陵生态屏障区、辽西低山丘陵生态屏障区、沿海防护林、辽河生态走廊和凌河生态走廊为骨架，以国家级和省级限制开发区域和禁止开发区域为组成的生态安全战略布局。此次生态保护红线划定成果中"两屏两廊多点"的生态保护红线分布格局与辽宁省主体功能区规划的主体定位一致。此次辽宁省生态保护红线划定在1:1万大比例尺上进行，明确了具有重要生态功能和生态安全的具体斑块，在空间上校验出主体功能区中要求的禁止开发区边界，是对《辽宁省主体功能区规划》空间的精准落地。

7.2　与生态功能区规划的协调性分析

依据《全国生态功能区划（修编版2015）》明确具有重要的生态功能区域，共确定了我省5个国家级重要生态功能区（图7-2），分别是长白山区水源涵养与生物多样性保护重要区、辽河源水源涵养重要区、辽河三角洲湿地生物多样性保护重要区、京津冀北部水源涵养重要区和科尔沁沙地防风固沙重要区。5个国家重要生态功能区约占全省陆域国土空间面积的52.03%，功能区内划定的生态保护红线占全省陆域生态保护红线面积的80.05%，说明生态保护划定基本合理，详细划定情况如下：

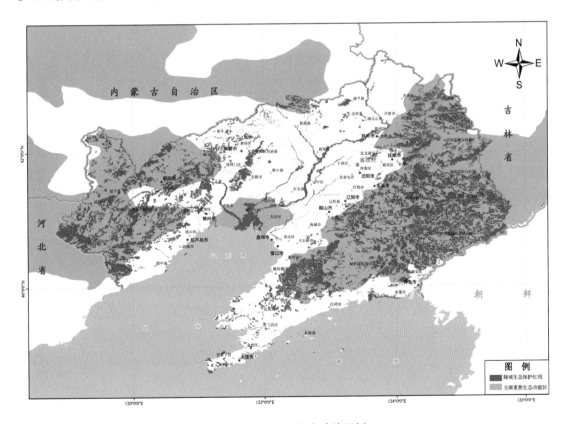

图7-2　全国重要生态功能区划

长白山区水源涵养与生物多样性保护重要区。主要分布在辽东的长白山余脉，行政区域涉及大连市、鞍山市、抚顺市、本溪市、丹东市、营口市、辽阳市及铁岭市等，涵盖该区域的林地等重要生态用地，生态保护红线面积 17617.23 km^2，占功能区面积的 35.94%，占全省陆域生态保护红线面积的 55.77%，能够满足长白山区水源涵养与生物多样性保护功能。

辽河源水源涵养重要区。主要分布在朝阳市努鲁儿虎山脉、松岭山脉、西部冀辽山脉，葫芦岛北部松岭山脉及阜新蒙古族自治县内，生态保护红线面积 6050.10 km^2，占功能区面积的 27.44%，占全省陆域生态保护红线面积的 19.15%，能满足该区域的水源涵养与水土保持功能。

辽河三角洲湿地生物多样性保护重要区。主要分布在辽河、凌河河口，包括盘锦市、锦州市部分区域，生态保护红线面积 824.49 km^2，占功能区面积的 20.71%，占全省陆域生态保护红线面积的 2.61%。划定红线结果主要集中河口区的自然保护区内，可以有效保护辽河三角洲的滨海湿地生态系统及珍稀鸟类生境，维护生物多样性安全。

京津冀北部水源涵养重要区。主要分布在葫芦岛市绥中县和朝阳市凌源市西部的冀辽山脉区域，生态保护红线面积 516.38 km^2，占功能区面积的 59.30%，占全省陆域生态保护红线面积的 1.63%。划定结果可以在该区域内起到保障京津冀北部水源涵养重要区的生态安全作用。

科尔沁沙地防风固沙重要区。主要分布在阜新市彰武县章古台区域，生态保护红线面积 279.28 km^2，占功能区面积的 37.66%，占全省陆域生态保护红线面积的 0.88%。划定结果可以对阻止科尔沁沙地南侵发挥作用，对保证辽宁中部城市群生态安全、改善人居环境具有重要意义。

辽宁省生态功能区规划依据了生态系统类型与过程的完整性，以及生态服务功能类型的一致性，划分出 13 个生态亚区。依据生态服务功能重要性、生态环境敏感性等的一致性，进一步划分出 47 个生态功能区（图 7-3）。

其中，具有水源涵养重要功能的生态功能区为辽宁东部山地的清原—新宾浑河源头水源涵养与生物多样性保护生态功能区、桓仁—宽甸浑江水源涵养与生物多样性保护生态功能区。清原、新宾位于浑河、太子河的源头，是大伙房水库上游汇水地区，大伙房水库是中部城市群的主要水源地。桓仁—宽甸浑江水源涵养与生物多样性保护生态功能区，是我省东水西调工程的供水基地，对于保障我省未来的水安全将起到决定性的作用。此次在生态保护划定方案中，通过科学评估和禁止开发区校验，水源涵养功能生态保护红线基本集中于该处区域，可以说红线是对水源涵养生态功能区域的具体界定。

具有生物多样性保护重要功能的生态功能区为清原—新宾浑河源头水源涵养与生物多样性保护生态功能区、桓仁—宽甸浑江水源涵养与生物多样性保护生态功能区、盘山—大洼洪涝、盐渍化与石油污染防治生态功能区。清原县、新宾县、桓仁县、宽

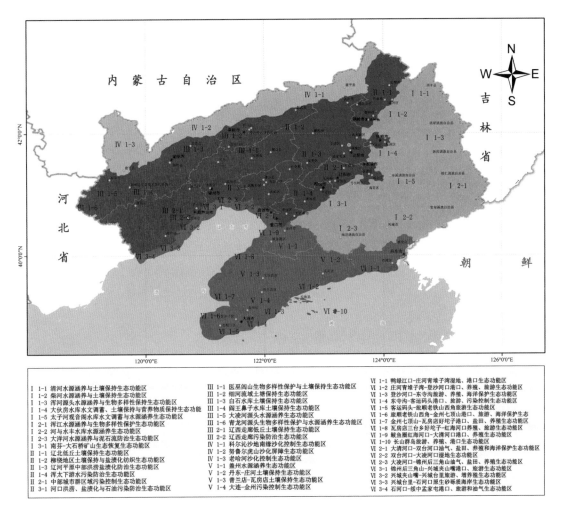

图7-3 辽宁省生态功能区划

甸县是华北、长白植物区系交汇地带，森林生态系统在全国具有重要的生态意义。盘山、大洼分布重要的河口湿地，珍稀水禽和湿地生态系统在全国也具有重要的生态意义。在此次生态保护红线划定中，辽宁东部山地是长白山余脉，兼具水源涵养和生物多样性保护的双重生态功能，通过生物多样性维护功能评估，划定了相关区域内的生物多样性保护红线。在盘山大洼的生物多样性生态功能区内，也集中着辽宁省重要湿地、辽河保护区、国家级自然保护区和省级自然保护区，此次红线划定过程中，该处生态保护红线也通过禁止开发区校验全部纳入到红线划定方案中。

在辽宁省生态功能区规划中，具有土壤保持生态功能的生态功能区为本溪(县)太子河观音阁水库水文调蓄与水源涵养生态功能区、抚顺(县)大伙房水库水文调蓄、土壤保持与营养物质保持生态功能区、北票白石水库地区土壤保持生态功能区、朝阳—喀左阎王鼻子水库地区土壤保持生态功能区。通过此次红线划定成果看，水土保持功能红线多集中于本溪市、抚顺市、朝阳市等区域，水土保持功能定位在红线分布格局中得以体现。

在辽宁省生态功能区规划中沙化控制生态功能区集中于辽宁省西部和北部,是科尔沁沙地南缘沙化控制生态功能区。在生态保护红线划定中,通过防风固沙红线的评估和划定及土地沙化敏感红线的评估和划定,将该生态功能区内具有重要防风固沙生态功能和土地沙化敏感性斑块纳入到了生态保护红线。

7.3 与土地利用及相关规划的协调性分析

在划定过程中充分对接了全省的土地利用现状及规划用地数据,校核去除了生态保护红线内成片的耕地、果园以及城乡、基础设施等建设用地。对于面积较小且相对分散分布的居民点、耕地、采矿废弃地等,为保持生态保护红线完整性予以了少量保留。生态保护红线的划定不会影响农业生产和城镇发展,做到了与《辽宁省土地利用总体规划》相协调。

7.4 与城市总体规划的协调分析

按照生态保护红线、基本农田红线和城镇开发边界三条线不交叉重叠的原则,在红线划定过程中,充分对接各地的城市总体规划,避免总体规划确定的城镇空间与生态保护红线范围相冲突,除相对分散、规模较小的居民点予以保留外,规模化和规划中扩建的城镇与行政村都不划入生态保护红线,较好维持了两者空间布局的一致性。

7.5 与矿产资源规划的协调性分析

辽宁省矿产资源规划涉及的主要矿区包括采矿权、探矿权、重点规划矿区、能源基地及大中型以上油气等矿产地。由于矿区分布区往往是生态环境非常重要或者生态环境极脆弱的区域,如果完全考虑矿权问题,会造成红线区域的碎片化,不易于严守,对此,生态环境部在 2018 年 4 月 20 日召开的生态保护红线划定推进会上,明确可以扣除禁止开发区外的红线内的合法采矿权和"十三五"期间明确实施探转采的矿区,本次划定将红线中除禁止开发区外的红线内合法采矿权和"十三五"期间明确实施探转采的矿区进行了去除,以达到生态保护红线与矿产资源规划相协调。

7.6 与环境保护规划的协调性分析

在省、市和县(区)各级环境保护规划中,生态保护红线划定工作基本都作为了"十三五"期间的重要内容,此次划定是对"十三五"各级环保规划的具体实施和操作。

效益分析

8.1　遏制生态环境退化，保障区域生态安全

通过划定生态保护红线及相关统计分析，辽宁省生态保护红线保护了 41.74% 的林地、34.80% 的草地和 41.81% 的湿地等重要生态系统。使用土地利用数据进行分析，全省 50.01% 的生态用地包含在生态保护红线内，生态保护红线内的生态用地面积占比为 95.79%。大于 5 km² 的红线斑块占生态保护红线总面积的 87.97% 以上。生态保护红线的中大型斑块有利于集中连片、功能退化生态系统之间的系统保护，以及山水林草湖不同景观要素体之间的系统耦合。生态保护红线中，相邻斑块通过河流水系、林灌草等生态廊道的形式建立连通性关系，提高了生态系统完整性，促进了物种间的迁移和遗传基因的转换，对系统保护具有重要意义。

8.2　保护生物多样性，维护区域生态系统服务功能

通过对重要生态功能区进行效益评估，此次划定的生态保护红线所保护的水源涵养功能占水源涵养功能极重要区功能的 81.55%，所保护的水土保持功能占水土保持功能极重要区功能的 83.78%，所保护的防风固沙功能占防风固沙功能极重要区功能的 43.26%，生态保护红线包含了主要河流的集水区、水源涵养功能区和重要河流的源头区，涵盖了自然保护区、森林公园、重要湿地、饮用水水源地等保护地，并将辽河保护区和凌河保护区除基本农田的区域外全部纳入，保护了提供生态系统服务功能的关键区域，对水源涵养、水土保持、生物多样性维护以及洪水调蓄具有重要意义。通过对生态保护红线的管控，将有效改善生态系统服务功能，提升生态安全保障。

在生物多样性维护方面，辽宁省生态保护红线纳入生境质量好、生态功能高的生态系统以及生物多样性较好的区域，形成了类型齐全、布局合理、功能基本健全的生物多样性保护网络体系。生态保护红线基本涵盖了全省所有的珍稀濒危物种及其生境。辽宁省不仅将所有各类保护地纳入生态保护红线，同时将科学评估重要性区域也划入了生态保护红线，有效地保护了各类保护地以外的重要物种的分布地。

8.3 遏制沙漠南侵，减少风沙灾害

辽宁省地处科尔沁沙地南缘，将 870.10 km² 的防风固沙功能生态保护红线和 113.19 km² 土地沙化敏感性生态保护红线纳入其中，通过实施生态保护与修复工程可有效控制科尔沁沙地南侵，遏制土地沙化趋势。此外，作为阻挡科尔沁沙地蔓延的天然屏障，阜新、铁岭将 654.38 km² 科尔沁南缘的防风林带划入生态保护红线，能够有效保障区域人居环境及粮食生产安全，有利于科尔沁沙地地区的土地沙化防治，减少沙尘天气发生次数，对保证辽宁中部城市群生态安全、改善人居环境具有重要意义。

9
保障措施

9.1 明确责任主体

各级政府负责本行政区域内生态保护红线的保护和监督管理，要将生态保护红线作为相关综合决策的重要依据和前提条件，履行好对生态保护红线内森林、湿地、河流、湖泊等自然生态系统的保护责任。把保护目标、任务和要求等层层分解，落到实处，建立目标责任制。确保生态保护红线区性质不转换、生态功能不降低、空间面积不减少、保护责任不改变。

9.2 加强生态保护与修复

把山水林草湖生态保护和修复工程作为重要内容，以县级行政区为基本单元建立生态保护红线台账系统，制定实施生态系统保护与修复方案。在生态保护红线内实行严格管控基础上，引导各地有序开展生态建设。对于遭受严重破坏的地区，采用自然修复、生物措施和工程措施相结合的方式，积极恢复自然生境。加强对自然保护区、森林公园、湿地公园等保护地的保护力度，严格控制人为因素干扰自然生态的系统性、完整性。加快生态廊道、生态水系建设等重点生态工程建设，加强气象监测评估和气象灾害预警工作，推进生态保护和恢复治理工程，不断提高生态保护红线内的生态系统服务功能。

9.3 做好勘界落地基础工作

根据生态保护红线划定成果，按照省政府统筹确定的工作内容和技术要求，结合当地自然地理的实际情况和生态系统的分布格局，做好生态保护红线勘界定标工作，开展勘界定桩后生态保护红线区域的现状调查等相关工作，将生态保护红线的监测、评估、问题反馈贯彻到日常管理中。

9.4　强化公众参与机制

积极发挥新闻媒体、社会组织和公众广泛参与的监督作用。加强生态保护红线的宣传教育力度，各地要把严守生态保护红线作为必须遵守的行为准则，鼓励和引导广大群众参与生态环境保护活动，积极举报环境违法行为，形成保护生态红线的良好社会氛围。

附 图 辽宁省生态保护红线分布

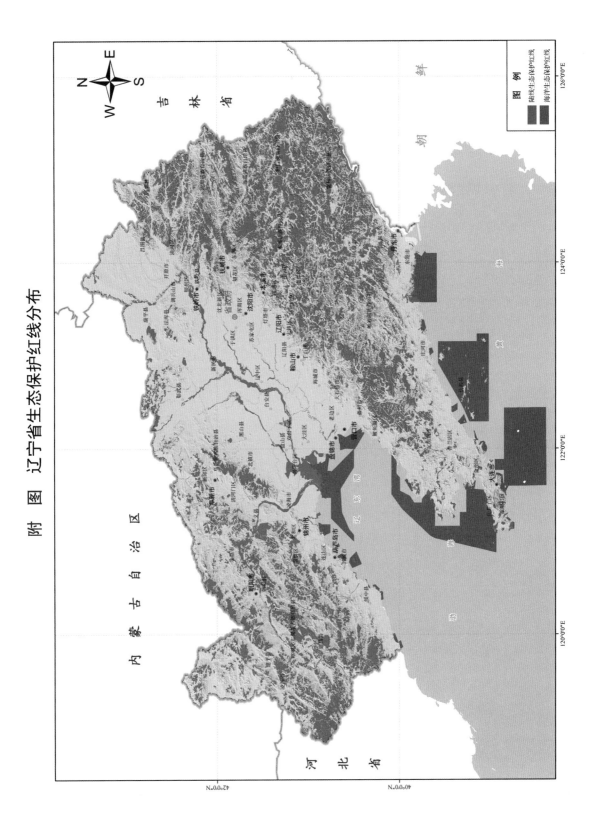